我国沿海大气颗粒物特征及陆源影响研究

胡　敏　郭庆丰　郭松　胡伟伟　著

U0322929

中国环境出版集团·北京

图书在版编目（CIP）数据

我国沿海大气颗粒物特征及陆源影响研究/胡敏等著.
—北京：中国环境出版社，2017.9
ISBN 978-7-5111-3315-1

Ⅰ．①我…　Ⅱ．①胡…　Ⅲ．①沿海—气体污染物
—粒状污染物—研究　Ⅳ．①X513

中国版本图书馆 CIP 数据核字（2017）第 213756 号

出 版 人　武德凯
责任编辑　曲　婷
责任校对　尹　芳
封面设计　彭　杉

出版发行　中国环境出版集团
　　　　　（100062　北京市东城区广渠门内大街 16 号）
　　　　　网　　址：http://www.cesp.com.cn
　　　　　电子邮箱：bjgl@cesp.com.cn
　　　　　联系电话：010-67112765（编辑管理部）
　　　　　发行热线：010-67125803，010-67113405（传真）
印　　刷　北京中科印刷有限公司
经　　销　各地新华书店
版　　次　2018 年 4 月第 1 版
印　　次　2018 年 4 月第 1 次印刷
开　　本　787×960　1/16
印　　张　15
字　　数　230 千字
定　　价　60.00 元

缩略词对照表

中文	英文	英文缩略
第 1 章		
二甲基硫	Dimethyl Sulfide	DMS
挥发性有机物	Volatile Organic Compounds	VOCs
二甲巯基丙酸内盐	Dimethylsulphonium Propionate	DMSP
云凝结核	Cloud Condensation Nuclei	CCN
非甲烷挥发性有机物	Non-methane Volatile Organic Compounds	NMVOCs
美国国家航空航天局	National Aeronautics and Space Administration	NASA
对流层污染测量	Measurements of Pollution in the Troposphere	MOPITT
气溶胶光学厚度	Aerosol Optical Depth	AOD
中分辨率成像光谱仪	Moderate Resolution Imaging Spectrometer	MODIS
国际地球大气化学计划	International Global Atmospheric Chemistry Project	IGAC
大陆间传输和化学转化	Intercontinental Transport and Chemical Transformation	ITCT
太平洋探索任务-西太平洋	The Pacific Exploratory Mission-Western Pacific	PEM-West
气溶胶表征实验-亚洲	The Asian Aerosol Characterization Experiments	ACE-Asia
太平洋区域内的传输和化学演变	The Transport And Chemical Evolution over the Pacific	TRACE-P
亚洲大陆排放作用于太平洋的探索	The Pacific Exploration of Asian Continental Emission	PEACE
持久性有机污染物	Persistent Organic Pollutants	POPs
有机气溶胶	Organic Aerosol	OA

中文	英文	英文缩略
生物活性低	Low Biological Activity	LBA
生物活性高	High Biological Activity	HBA
总有机碳	Total Organic Carbon	TOC
水溶性有机碳	Water-Soluble Organic Carbon	WSOC
水不溶性有机碳	Water-Insoluble Organic Carbon	WIOC
人为活动产生的氮	anthropogenic nitrogen	air-N^{ANTH}
第 3 章		
我国东部沿海地区大气污染综合观测	Campaign of Air Pollution At INshore Areas of Eastern China	CAPTAIN
半挥发性有机物	Semi Volatile Organic Compounds	SVOCs
多角度吸收光度计	Multi Angle Absorption Photometer	MAAP
元素碳	Elemental Carbon	EC
有机碳	Organic Carbon	OC
吸光性碳	Light Absorbtion Carbon	LAC
黑碳	Black Carbon	BC
光热反射法	Thermal/optical reflectance	TOR
光热透射法	Thermal/optical reflectanc	TOT
美国沙漠研究所	Desert research institute	DRI
火焰离子检测器	Flame Ionization Detector	FID
离子色谱法	Ion Chromatography	IC
颗粒有机物	Particulate Organic Matter	POM
索氏提取	Soxhlet Extraction	SE
超声提取	Ultrasonic Extraction	UE
美国职业安全与健康研究所	National Institute for Occupational Safety and Health	NIOSH
固相萃取法	Solid Phase Extraction	SPE
固相微萃取	Solid Phase Microextraction	SPME
微波辅助萃取	Microwave Assisted Extraction	MAE

中文	英文	英文缩略
超临界流萃取	Supercritical Fluid Extraction	SFE
加压流体萃取	Accelerated Solvent Extraction	ASE
	Particle-Into-Liquid-Sampler Ion Chromatography	PILS-IC
	Steam Jet Aerosol Collector	SJAC
	Gas and Aerosol Collector	GAC
	Intergrated Collection and Vaporization Cell	ICVC
离子化效率	Ionization efficiency	IE
四分位距，又称四分差	Interquartile rang	IQR
第 5 章		
总潜在源区贡献函数	Total Potential Source Contribution Function	TPSCF
潜在源区贡献函数	Potential Source Contribution Function	PSCF
中国多尺度排放源清单	Multi-resolution Emission Inventory for China	MEIC

前言

　　海洋是生命的摇篮，是地球系统不可或缺的组成部分。地球系统的各圈层（如岩石圈、大气圈、生物圈等）与海洋都存在着密不可分的相互作用，并在海陆界面和海气界面通过海洋生物新陈代谢、物理扩散沉降等过程进行物质交换。其中，陆源的人为污染物可通过这些界面间的物质交换进入海洋，从而影响海洋碳、氮、硫、磷等物质循环，进而影响海洋环境、海洋生态系统乃至全球气候。

　　在人类活动和全球气候变化的共同影响下，海洋大气环境中大气污染物的种类（如温室气体、沙尘气溶胶、营养物质、有机污染物）和数量不断增加。因此，在海洋物质来源中，大气途径——大气物质通过沉降进入海洋——越来越受到重视。目前的研究已经表明，大气物质沉降为海洋提供外源性氮、磷和铁等营养元素，能够显著影响海洋碳、氮循环过程，并加剧全球气候变化。然而对于大气与海洋相互作用的具体机制，目前仍有众多科学问题亟待解决。比如，气溶胶、云与海洋生态系统的关系；海洋释放到大气中活性气体的通量和控制因素；在沿海区域不断城市化和工业化以及气候变化的背景下，海洋与大气之间的相互作用机制；以及海洋生物地球化学过程和人为污染物排放的相互作用以及这些相互作用对大气化学的影响等。以上这些都是大气科学和海洋科学领域重大的前沿科学问题，也是预测和应对气候与环境变化的关键科学问题。始于 2004 年的"上层海洋－低层大气研究"（SOLAS）国际研究计划的重点关注之一就是海洋与大气之间生物地球化学过程的相互作用与反馈，以阐明和量化海洋与大气相互作用在调节全球气候变化中发挥的重要作用，而在 2015—2025 年科学计划中则将"气溶胶、云和海洋生态系统之间的相互联系"列为五大核心主题之一。

从全球范围来看，我国沿海地区在海气相互作用和气候变化研究中极具代表性，这主要由两方面的因素决定的。一是自然环境因素，①沿海地区一般是陆地与海洋相互作用最为强烈的地带，而在亚洲地区尤为突出；②我国所在的东亚是主要季风气候区，季风环流强烈地影响这一地区大气污染物的转化和输送等过程，使得我国沿海及其邻近的西北太平洋地区受到大气物质沉降的影响十分显著；③源于中国西北部和内蒙古境内的沙尘气溶胶是重要的天然源气溶胶，几乎每年都从亚洲干旱地区携带大量沙尘进入到大气，而这些沙尘气溶胶在传输过程中，途经我国东部人口密集的城市区域，与人为排放的大气污染物混合并成为大气化学反应的重要载体，混合后的沙尘气溶胶在我国近海沉降可能会严重影响该海域的海洋生态系统。二是社会发展的因素，④亚洲沿海地区的超大城市和城市群人口密集，在快速且长时间的工业化和城市化进程中，NO_x、SO_2、VOCs、CO_2、CO 和颗粒物等多种空气污染物排放量急剧增加；⑤人为源气溶胶或其气态前体物的大量排放导致近年来我国东部沿海地区重霾频发，尤其以秋冬季区域性重霾最为典型，$PM_{2.5}$ 浓度可在数天内爆发式增长。不同于沙尘暴时以矿物气溶胶为主，重霾过程中大气颗粒物化学组成以有机物和二次无机组分为主，其传输和在近海的沉降对海洋生态系统和气候变化的影响还不是很清楚，尚需在未来开展更多的相关研究。

大气污染已成为制约满足人民日益增长的美好生活需要的重要因素。大气污染改变了大气的化学组成和地球的辐射平衡，而海洋与大气、气候关系密切，对海洋与大气之间相互作用的研究应从地球系统的视角出发，关注多尺度过程和各圈层之间的相互作用。我国沿海区域以及东亚和南亚地区是大气环境污染、气候变化和大气化学研究的重点区域，其复杂性和多样性使得无论在环境监测、模式预测等研究手段方面，还是在传输过程、污染机理等研究内容方面都具有很大的挑战性。

我们的研究思路围绕"陆源污染物排放—传输与转化—海洋气溶胶—对气候变化影响—沉降对海洋循环的影响"这一主线展开，建立基于沿海地区地基观测和海洋船走航观测的大气污染物观测研究方法，重点研究海洋大气气溶胶的物理化学特性，追溯其来源及其在大气中的转化过程。

本书的主要内容包括：第 1 章"海洋及其生物地球化学循环"，介绍了海洋与大气之间碳、氮、硫、磷、铁等重要元素的海洋生物地球化学循环。第 2 章"陆源大气污染物的排放、传输及其对海洋环境的影响"，介绍了陆源气态和颗粒态污染物的排放和传输、沿海大气气溶胶特征、陆源大气污染物对海洋环境的影响。第 3 章"海洋大气颗粒物理化特性及其测定方法"，介绍了针对海洋大气颗粒物的研究方法和物理化学特性的测定方法。第 4 章"我国沿海大气污染特征"，介绍了我国东部沿海地区大气污染综合观测（Campaign of Air PolluTion At INshore Areas of Eastern China，CAPTAIN）的研究结果。第 5 章"我国沿海地区大气污染物来源分析"，介绍了利用总潜在源区贡献函数（TPSCF）受体模型的方法解析我国东部沿海气态和颗粒态污染物的潜在源区。第 6 章结语与展望，对 CAPTAIN 综合观测实验进行小结以及对未来研究工作进行展望。

本书研究基于环保公益性行业科研专项重大项目（201009002）"东亚地区大气污染物跨界输送及其相互影响与应对策略研究" 中"重要空气污染物污染特征及分布规律"和浙江省环境监测中心"浙江省中北部区域大气复合污染特征评估"项目的研究结果，是集成现场观测、实验室分析、数据分析和模式模拟等各种研究手段的综合研究结果。研究手段多样，研究内容丰富，研究层次深入。

本书由胡敏、郭庆丰、郭松策划，胡敏统稿，书中内容包含了郭庆丰和胡伟伟博士论文的部分内容。本书的主要读者是大专院校和研究机构大气环境、大气化学、海洋化学、大气物理和气候研究专业的科研人员、研究生和本科生。

本书作者团队长期致力于海洋与大气间大气污染物相互作用的研究，从胡敏博士论文"海洋排放二甲基硫测定方法及其海气通量研究"（1993）、刘玲莉硕士论文"河口湾区及近海海域二甲基硫的时空分布"（2002）、马奇菊博士论文"中国近海二甲基硫排放及其对硫酸盐气溶胶的贡献"（2004），到胡伟伟博士论文"我国典型大气环境下亚微米有机气溶胶来源与二次转化研究"（2012）和郭庆丰博士论文"中国东部沿海大气污染特征及其源与受体关系"（2015），研究内容从海洋释放二甲基硫到海洋大气气溶胶特性，试图探讨沿海地区大气化学过程和陆源污染对区域空气质量和气候变化的影响，并在开展海气交换的研究平台和研究方法方面进行有益的探讨。在此过程，我们也结识了很多国内外海洋化学、海洋生物和大气物理的优秀同行，可以同舟共济开展多学科交叉的研究工作。

由于作者水平有限，书中难免存在不足之处，我们敬请各界专家和读者批评指正。

目录

1

海洋及其生物地球化学循环

工业化以后，特别是进入 20 世纪以来，人类活动对与之息息相关的环境的影响和压力越来越大。时至今日，地球上已经难觅无人类印记的净土，对于广袤的海洋也是如此。人类工业活动排放的大量污染物已经彻底改变了海洋与大气的自然平衡。本章着重介绍海洋与海洋大气及其生物地球化学循环过程中的物质交换。

1.1　海洋与海洋大气

地球上连成一片的海和洋的总水域统称为海洋，地球表面积的 70.8%为海洋所覆盖。它的中心主体部分称为洋，远离陆地，面积广阔，占海洋面积的89%；边缘部分称为海，属于洋的附属部分，与陆地交界，占海洋面积的约11%。尽管只覆盖海洋面积的一小部分，陆地和广袤无垠的大洋之间的狭长海岸带却为人类提供了绝大多数的海洋资源，因为这里的一些海区是世界上海洋生物生产力最活跃的地方[1]。海洋既有底边界——海洋沉积和海底岩石圈，也有侧边界——入海口、海岸带，还有上边界——海面上的大气边界层。它的内部包罗万象，既包括海洋中的水以及溶解或悬浮于海水中的物质，也包括生存于海洋中的生物。以质量计，海水中 96.5%是水，余下的 3.5%基本都是溶解于海水的盐。其中超过 99%的盐来自 Cl^-、Na^+、SO_4^{2-}、Mg^{2+}、Ca^{2+}、K^+和 HCO_3^-等 7 种主要离子，这其中又以 Cl^-（55%）和 Na^+（31%）为主。此外，海水中还含有次要离子（Sr^{2+}、Br^-、F^-等）、痕量元素（Fe、Mn 等）、营养元素（N、P、S）、溶解气体（O_2、CO_2、N_2）和有机物质（氨基酸、腐殖质、叶绿素等）等。因此，海洋是 C、N、S、P、Fe 等生物体必不可少的基本元素生物地球化学循环的重要载体。

海洋的化学组成基本保持不变，但其内的物质与陆地、大气不断地进行物质和能量的交换、循环，从而达到动态平衡的状态。因为海气界面囊括了地球表面的很大部分，所以海洋能够主导海洋大气的化学组成。海气界面的能量、气体和颗粒物的交换由一系列生物、化学和物理过程控制，这些过程可跨越大范围的空间和时间尺度。它们影响着海洋和大气的组成、生物地球化学过程，对海洋的生物地球化学和大气的物理化学性质极其重要[2]，并最终影响海洋、大气和气候系统的相互作用和反馈[3]。海气界面交换对全球收支的意义是显而易见的，比如，海洋大约吸收了工业革命以来人为排放的 CO_2 总量的 48%[4]，以及 1961—2003 年大气—海洋—陆地—冰冻圈整个气候系统增加的总能量的 90%[5]。此外，由海洋产生的 O_2 占全球总量的 50%[6]，每年有 500 Mt 的源自陆地的沙尘和气溶胶沉降到海洋[7]。理解海气界面间的化学、生物和物理过程，对于预测海气间的气体和颗粒物交换，确定这些过程与全球气候变化的相互影响，将起决定性作用。

在受人类活动排放的污染物影响前，原始大气（图 1-1）中的气体和颗粒物主要来自海洋、火山、植物等的一次排放以及由它们排放的气体的二次生成。海洋通过生物或物理等过程产生大量的气体和颗粒物，源源不断地释放到大气中。海洋排放的气体主要是浮游植物新陈代谢产生的二甲基硫（Dimethyl Sulfide，DMS），它在大气中反应生成非海盐硫酸盐（non-sea-salt Sulfate，nss Sulfate）；颗粒物主要是生物气溶胶和浪花飞溅产生的海盐、有机物。海洋大气边界层内，90%的气溶胶是海盐，占到了天然源气溶胶总通量的几近一半和全球总通量的 1/3 多[8,9]。在陆地，气体包括火山喷发的 SO_2 和植物排放的挥发性有机物（Volatile Organic Compounds，VOCs）等，颗粒物则包括沙漠沙尘和 SO_2、VOCs 二次转化生成的硫酸盐、二次有机气溶胶等。这些天然产生的气体和颗粒物可传输至海洋大气，进入海洋的生物地球化学循环中。而在工业化时代，海洋大气受人类活动排放污染物的影响非常显著，大陆尤其是沿海地区的工业、生物质燃烧等人为排放以及由此引发的光化学烟雾和霾污染，通过大气干湿沉降向海洋输送污染物，从而影响海洋与大气间物理和化学过程及气候变化。

海洋气溶胶是由风应力与海面的机械作用产生并直接进入大气中的[11]，是源于海洋的液体和固体颗粒物的总称[8]，包括无机和有机气溶胶。风作用于海面，产生海浪以及与海浪相关的浪花、泡沫飞溅等，导致海平面溅出液滴，因此，海洋气溶胶的排放通量都是随着海面风速的增大和温度的升高而增加的。喷溅出的飞沫液滴含有水以及生物和化学组分等与海水相似的组成，但是水蒸气与大气的交换以及伴随飞沫形成的化学反应都会影响和改变它们的组成。这些从海面溅射出来的飞沫液滴将在海洋大气边界层传输和扩散，同时与环境大气进行动量、热量、水气的相互交换[8]。海洋产生的气溶胶在海洋大气的化学组成、气溶胶光学厚度、云的形成和特性、辐射平衡等各个方面都起着支配作用[3]。

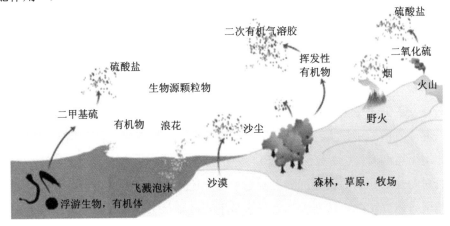

图 1-1　原始大气条件下的气溶胶来源[10]

由风力驱动产生的海洋气溶胶是无机物和有机物内混的混合物。由于在生成过程中可能富集更多的疏水性或表面活性的物质，非常小的飞沫液滴的化学组成可能会明显不同于海水。以质量而言，海洋排放最多的无机气溶胶是 NaCl，也就是海盐。海洋大气边界层内，90%的气溶胶是海盐，占到了天然源气溶胶总通量的几近一半和全球总通量的 1/3 多[8,9]。每年全球海盐排放量的估计值是 $10^{12}\sim10^{14}$ kg[12]。从直接和间接辐射来看，海盐可能是最重要的天然源气溶胶之一，但是对这一重要物种的辐射强迫的估计依然存在着非常大的不确定性[11]。海洋排放的有机气溶胶则来自海洋的生物活动。伴随这一过程排放的还有痕量的磷。有机气溶胶和磷的排放量可能与海洋表层浮游植物的数量有关[13]。已有的对海洋气溶胶粒径分布的一些研究表明[14]，在生物活跃期有机物在亚微米颗粒物中的比例可达 63%，而直径大于 1 μm 的大粒径颗粒物则几乎全部是海盐。

海洋气溶胶的粒径范围很大，一般可覆盖从 20 nm 到 100 μm 的多个模态，20～100 nm 为爱根核模态，100～600 nm 为积聚模态，大于 600 nm 的为粗模态。

海洋气溶胶中以粒径超过 1 μm 的颗粒物居多，可包括从粒径几纳米的海盐到几毫米的大液滴[15]。因此，虽然源自海洋气团的气溶胶数浓度通常低于源自大陆气团的气溶胶，但是前者的质量浓度或体积浓度更大。在未受人为污染影响的洁净海域，大气颗粒物的粒径谱分布是典型的爱根核模态和积聚模态分明的双峰分布，颗粒物总数浓度通常小于 $1\,000/cm^3$；在受人为污染影响严重的海域，大气颗粒物的粒径谱分布是典型的爱根核模态和积聚模态重叠的单峰分布，颗粒物总数浓度可达几千至上万每立方厘米；而在受人为污染影响轻微的海域，大气颗粒物的粒径谱分布仍然是较为明显的双峰分布，但是总数浓度会高于洁净海域，而低于受人为污染影响严重的海域（图 1-2）。

海洋气溶胶中，大粒径的液滴只能在大气中停留数秒至数分钟，然后在重力作用下重回海洋。而粒径小的颗粒物在大气中的停留时间可达数天到数周[8]。尽管对海盐颗粒物的首要沉降机制是干沉降还是湿沉降仍然存在着一些争议，但是现有研究实际上倾向于认为降水是主要机制[12]。海洋气溶胶可以扩散至整个地球，并参与到全球大气气溶胶循环中，比如参加大气化学反应或者作为云或雾的凝结核。小粒径的海洋气溶胶还会反射短波辐射，到达海面的太阳辐射量可降低 $1\sim5\ W/m^2$，另外它也会吸收长波辐射[8]。

沙尘气溶胶的产生也离不开风力的作用，它是悬浮于大气中的矿物质颗粒物，起源于基本无植被覆盖、土壤干燥的强风地区。当风速大于某个阈值时风就会带动沙粒在水平方向上运动，形成滚沙或喷沙，然后产生粒径更小的沙尘，只有一小部分的沙尘能够进入大气进行远距离传输。起尘过程受到以下因素的制约：降雨、风、温度、地形、土壤类型和粒度、地表粗糙度和植被覆盖率[17]。沙尘气溶胶可以在对流层中长距离传输到下风向地区，并在这个过程中由干沉降和湿沉降去除[9]。湿沉降是降水时颗粒物在云中或云下进入水滴被除去。干沉降包括湍流沉降和重力沉降，前者是随机旋涡迫使颗粒物撞击地面，后者是颗粒物由于较大的密度和粒径而在重力作用下降落地面[18]。粒径大于 2 μm 的沙尘气溶胶其大气寿命仅数天，而较小粒径的沙尘其大气寿命可达数周[19,20]。

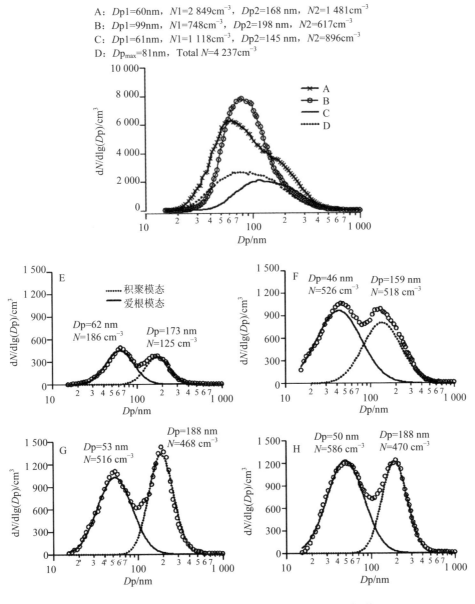

A: $Dp1=60nm$，$N1=2\,849cm^{-3}$，$Dp2=168\,nm$，$N2=1\,481cm^{-3}$
B: $Dp1=99nm$，$N1=748cm^{-3}$，$Dp2=198\,nm$，$N2=617cm^{-3}$
C: $Dp1=61nm$，$N1=1\,118cm^{-3}$，$Dp2=145\,nm$，$N2=896cm^{-3}$
D: $Dp_{max}=81nm$，Total $N=4\,237cm^{-3}$

图 1-2　我国东部沿海受人为污染影响严重（A、B、C、D）和轻微（F、G、H）、
洁净（E）的海域大气颗粒物的粒径谱分布[16]

全球大气中的沙尘有 50% 来自北非沙漠，因此，北大西洋和北非海岸下风向的地中海也就成为全球海洋沙尘沉降量最大的海域[18]。由于这种排放的机械属性，沙尘的来源和传输路径具有很强的季节和日变化周期。正是这种来源和传输路径巨大的可变性以及粒径分布的不确定性，对大气中沙尘量的估计存在很大的不确定性。以 Andreae 等人[21]的估计为例，每年的沙尘排放量可达 1 600 Tg。沙尘含有不同形态的各种矿物质，这必然导致它们潜在的辐射性质具有相当程度的可变性[11]。尽管沙尘的排放量、大气中含量和辐射强迫的可变性很大，它仍然是最重要的气溶胶之一。此外，地壳物质含有 3.5% 的铁和 0.1% 的磷，所以，从铁和磷从地面迁移到大气和对海洋生物地球化学循环的作用来说，沙尘也是最重要的气溶胶之一[13,18]。

1.2　海洋的生物地球化学循环

海洋生物地球化学循环是海洋环流、生物、化学的相互作用，对各种各样的海洋生物和发挥其生态系统功能都非常重要[22]。这一节将对 C、N、S、P 和 Fe 在海洋生物地球化学循环中的意义和它们的来源、全球收支分别作一详细介绍，但是需要牢记的是，这些元素的生物地球化学循环并不是彼此独立进行的，而是相互联系、相互影响的。

为了弄清 C 和营养元素 N、P、Fe 等如何在大气、陆地和海洋之间循环，首先需要对它们的基础过程有个更清晰的认识。在面对当今日益增长的人为源营养元素的排放和日益变化的全球气候时，这一点显得尤其重要。营养元素和生存空间、能量共同构成了生命必需的三大要素[23]。92 种天然元素中大约有 30 种存在于生物体内，这些重要元素所形成的化合物即为营养物，是所有生物必须从外界环境获取的。其中，C、H、N、O、P 和 S 这六种生物基本元素主要以大分子的形式存在于有机物中，比如糖类、脂类、蛋白质和核酸，它们在有机物的质量中可占到 95%。以浮游植物细胞质为例，它含有 7% 的氮和 1% 的磷[24]，前者存在于蛋白质和核酸中，后者存在于脂类中。此外，所有生物还需要无机离子，比如钙、钾、钠等离子和痕量元素，比如铁、镁、钴、锌和铜。

痕量元素存在于各种各样含金属的酶中。矿物质形态的二氧化硅和碳酸钙对某些生物来说也是必不可少的。

微生物是海洋营养元素循环的基本要素，其中利用光来固定 CO_2 的光合自养生物即浮游植物贡献了绝大多数陆地和海洋的初级生产量，它们在全球营养元素循环方面发挥了不可替代的作用[25]。各种海洋微生物群落的生理、生长和数量受到两个因素的共同影响和控制：营养元素和非营养元素，非营养元素的因素包括温度、光、无机碳和捕食者[26]。细胞内外营养元素的定量关系即化学当量比是海洋生物地球化学循环中重要的决定性因素[27]。

营养元素的化学当量比和生物需求是决定海洋营养元素限制类型的两个关键因素[23]。而浮游生物在海洋表层的活性和丰度通常取决于营养元素。现代海洋主要有两种营养元素限制类型。大约30%的海洋表层区域属于高常量营养元素而铁限制的体系，大多数低纬度的贫营养海域属于氮限制或氮、磷共同限制的体系[28]。不少低纬度海洋表层的生产力之所以受限于氮，这是因为来自海洋表层下的营养元素供应不足[23]；相反地，海洋表层下的营养元素供应充足的海域则经常会受限于铁，这些海域主要是南大洋和赤道东太平洋的上升流海域[24]。磷、维生素和除铁以外的微量营养元素都会限制或共同限制海洋浮游植物的生长。

人为活动对许多营养元素的生物地球化学循环具有显著影响[29]。人类活动，包括化石燃料燃烧、生物质燃烧、化肥使用和工业过程等，排放了大量污染物，导致对海洋生物和海洋资源的负面影响持续增加。这些陆源污染物通过河流和大气两种途径输送到海洋，成为海洋营养物和痕量金属的重要来源，提高了海洋的生产力和碳汇，进而影响全球生物地球化学循环，加剧全球气候变化（图 1-3）。大气气溶胶因其质量和类型不同可产生不同的生物地球化学影响[11]。虽然许多营养元素主要来自海洋表层下的供应，但是大气输入对某些营养元素也很重要，并会影响到营养元素的限制类型。来自各种天然源和人为源的颗粒物既含有常量和微量营养元素[30]，比如 N、P、C、Si、痕量金属（Fe和 Cu 等），也可能含有有毒元素[31]，比如 N、P 和 Fe 是通过大气运输到海洋的最重要的三种营养元素[32]。因此，沉降到海洋的气溶胶不仅增加了重要的营养元素，同时也会导致有毒金属或酸性的增加。如果这些颗粒物以及二次生成的颗粒物传输至广阔的、渺无人烟的海洋并在此沉降，它们将成为这些海域营养元素的重要来源。

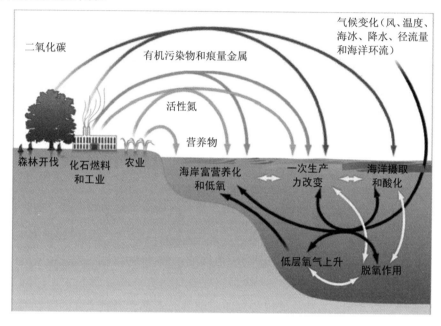

图 1-3   人类活动影响下的海洋生物地球化学循环

注：彩色箭头表示物质在海洋中沉降的直接影响，黑色箭头表示气候和环流的变化对海洋的间接影响。灰色箭头表示海洋生物地球化学动力之间的联系[33]。

气溶胶的直接效应是引起较强致冷的辐射强迫变化（-0.5 ± 0.4 W/m^2），间接效应是通过改变云光学性质而导致辐射强迫变化（$-0.3\sim-1.8$ W/m^2）[34]，此外，气溶胶还有一种长期以来被忽视的气候效应，那就是气溶胶对生物地球化学循环的间接效应（图 1-4）。排放或转化的气溶胶通过两种方式影响下风向地区的生物地球化学循环，一种是改变海洋或陆地生态系统的物理气候，另一种是化学物质的沉降。前者可导致海洋和陆地额外吸收 $1\sim14$ ppm*的 CO$_2$[35]，对

---

*ppm=10^{-6}

应的辐射强迫变化为$-0.02\sim-0.24$ W/m^2；后者所导致的辐射强迫变化来自人为气溶胶的氮沉降（$-0.12\sim-0.35$ W/m^2）、热带森林的生物质燃烧的磷沉降（$0\sim0.12$ W/m^2）和沙尘的铁沉降（-0.07 ± 0.07 W/m^2）。这两者可导致大气 CO_2 额外降低 $7\sim50$ ppm，对应辐射强迫变化为-0.5 ± 0.4 W/m^2，与气溶胶直接效应相当[36]。

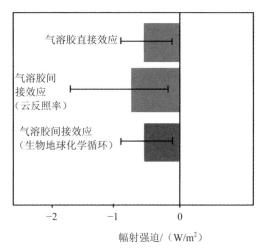

图 1-4　气溶胶对辐射强迫的直接和间接效应[36]

1.2.1　碳的海洋生物地球化学循环

过去的两百年间，人类活动极大地改变了碳和营养元素在陆地、大气、淡水水体、海岸带和开阔大洋之间的交换[37]。由于人类活动的显著影响，沉降到海洋的有机碳的大气通量与下沉至深海底部的颗粒有机碳、溶解有机碳的通量相当，接近于河流输入通量，占到了海洋人为源碳汇的 10%多，是迄今为止碳循环模型中海洋有机碳的主要外来源（图 1-5）。土地使用的变化、土壤的退化、石灰的处理、化肥和杀虫剂的应用、水道的阻挡和人类导致的气候变化共同改变着连续水体中的元素传递，而连续水体通过河流、溪流、湖泊、水库、入海口和海岸带将土壤水和开阔海洋联系起来，因此，对全球生物地球化学循环有着重大的影响[38,39]。关联陆地和海洋系统的碳循环是全球碳循环和收支的主要组成部分[40]。

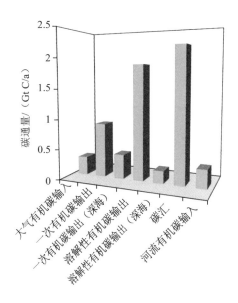

图 1-5　沉降到海洋的有机碳的大气通量与其他海洋碳通量的比较[41]

与陆地和大气相比,海洋储存的碳多得多。这些碳或者通过海洋环流等物理过程被带入深海,或者通过海洋生产力这一生物泵的形式被从上层海洋搬入深海[11]。地球上大约 40%的光合作用发生于水生环境[42],海洋植物生物量的周转时间比陆生生物量快了近 3 个数量级[43]。周转时间或停留时间是指通过一系列过程将海洋中某一特定组分全部清除、迁出海洋所需要的时间,也指通过一系列过程重新产生海洋中现有储量所需要的时间。因此,制约海洋环境初级生产的营养元素对全球碳循环的影响是显而易见的,进而也在主导全球气候方面占有一席之地。

工业化以前,海洋一直是向大气排放 CO_2 的一个源,由于化石燃料的燃烧、森林开伐和土地使用的变化,全球大气 CO_2 平均浓度增加了将近 40%,从工业化前的 280 ppm 增加至 2010 年的 388 ppm[33],同时海气界面 CO_2 的流动方向已经发生逆转,导致人为排放 CO_2 在整个海洋的净沉降[44]。仅在 2008 年,化石燃料燃烧排放到大气中的碳就达到了 (8.7 ± 0.5) Pg,主要以 CO_2 的形式排放[45]。

大气 CO_2 浓度和海洋环流速率主导着全球海洋对 CO_2 的吸收速率。这些 CO_2 溶解在表层海水中成为无机碳，作为弱酸调节海水的酸碱性。

陆地通过光合作用和化学风化作用固定大气中的碳（59 PgC/a），大量的固定碳沿着陆地生态系统到海洋的连续水体进行横向输送（图 1-6）。由于工业化以来的人为干扰，每年进入内陆水域的碳增加量可能为 1.0 PgC，这些碳主要来自人类对化石燃料的挖掘和燃烧（7.9 PgC/a）。在沿着连续水体横向输送的过程中，这些人为增加的碳大部分在淡水水体、入海口和沿海水体或者以 CO_2 的形式重新返回大气（约 0.4 PgC/a），或者埋藏于沉积物中（约 0.5 PgC/a），仅有约 0.1 PgC/a 的碳通过这一路径输送到开阔大洋。总面积为 310 万 km^2 的沿海水域每年吸收的 CO_2 量为 0.2 PgC/a，基本由人为排放贡献。在天然条件下，开阔大洋是大气 CO_2 的重要来源，每年向大气释放的 CO_2 量为 0.45 PgC/a，而在人为作用下，开阔大洋成为 CO_2 的重要汇，每年吸收的 CO_2 量为 2.3 PgC/a，净收支为 1.85 PgC/a，是大气 CO_2 净收支的 50%。从工业化开始至今，海洋累计吸收了人类排放 CO_2 总量的 25%～30%[4,46]。然而另一方面，由于水温升高导致 CO_2 溶解度降低以及垂直分层增加和深层海水减少导致 CO_2 到海洋内部的物理输运速率变慢，因此气候变化将减少海洋对人为排放 CO_2 的吸收[47]。

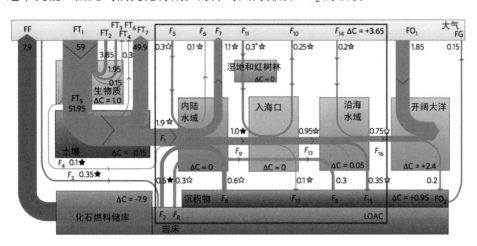

图 1-6　碳的海洋地球化学循环和通量（单位：PgC/a）[39]

1.2.2 氮的海洋生物地球化学循环

氮是构成生物体的基本成分,全球氮循环是生物地球化学循环的核心部分[48]。大气反应和缓慢的地质过程主导了地球最早期的氮循环,直至 27 亿年前,随着一系列互相关联的微生物过程的演化,自然界才形成了具有稳定反馈和调节机制的现代氮循环[49]。微生物的固氮、同化、硝化、厌氧氨氧化和反硝化等复杂的转化过程驱动着海洋的氮循环[50]。

氮以各种形式存在于海水中,其中以氮气的丰度最高,但仅能被固氮生物利用。生物固氮将大量的氮分子还原为铵盐,从而使大量的天然源氮通过这种方式从大气流入陆地和海洋生态系统。接着,微生物会将这些固定的氮转化为各种各样的有机酸和氧化物,最后在微生物脱氮作用下以氮分子从土壤、淡水、海水和沉积物返回大气[51]。初始的固氮可得到含活性氮的化合物,包括 NH_3、NH_4、NO、NO_2、HNO_3、N_2O、$HONO$、PAN 和其他含氮有机物。这些物质在陆地和海洋生态系统中发挥着生物学和生态系统功能的作用,也因此广泛分布于大气圈和冰冻圈。

全球陆地和海洋生态系统一年的固氮量为 413 Tg,其中有一半来自人为生产[48]。大多数人为产生的还原态氮的转化发生于陆地土壤和植被,这些氮绝大部分来自于农业施用的氮肥。每年从地面排放到大气的 100 Tg N 主要来自 NH_3 和与燃烧源相关的 NO_x,在大气中传输时可转化生成二次污染物,这些污染物包括含 O_3 在内的光化学氧化剂和以 NH_4NO_3 和$(NH_4)_2SO_4$ 为主的气溶胶(图 1-7)。每年土壤渗入和河流输入的 NO_3^- 给沿海水体和开阔大洋带来的 N 为 40~70 Tg,加上大气沉降的 30 Tg N 和海洋生物固氮的 140 Tg N[50],可使海洋每年的氮收支达到 230 Tg。一些海洋活性氮会沉积到海底,其余的可经脱氮作用以 N_2 或 N_2O 的形式重回大气。海洋氮循环量与陆地土壤、植被相差不多,但是有更大比例的氮来自天然源。海洋的氮循环是非常活跃的,活性氮的停留时间即周转时间少于 3 000 年;陆地由于容量较小,活性氮循环的时间大约是 500 年[52]。

浮游植物和深水营养盐的氮、磷存在着高度相似的化学当量比,这是由 Redfield 首次发现的[53],他提出生物依自身需求适应海洋的营养盐。而今看来,这一想法刚好相反，是生命适应了海洋的这一比值。C：N：P的化学当量比为106：16：1，仍然是海洋科学的基本概念，反映的是所有活细胞新陈代谢对这些元素的平均需求[54]。由于生物体对氮、碳、磷和其他重要元素有着这样严格的化学当量要求，氮循环与这些元素的联系非常紧密。此外，海洋氮循环的变化还可能主导着大气 CO_2 浓度的变化[55]。这些关联性表明，人类对氮循环的扰动可能会对其他元素的生物地球化学循环和生态系统功能产生很大影响。

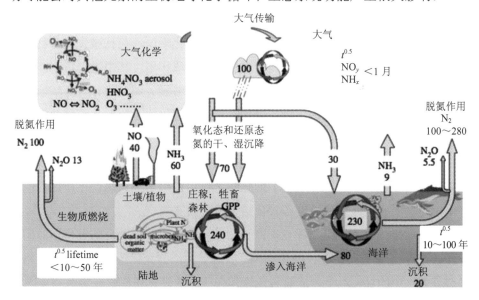

图 1-7   氮的海洋地球化学循环和通量（单位：TgN/a）[48]

过去一个世纪里为了满足人类日益增长的食物需求而发展起来的农业方式已经彻底破坏了氮循环，也使淡水和海岸带的富营养化问题日益严重。现如今人类活动向环境排放的氮已经超过了自然固定的氮，其中至少一半的氮通过河流和大气沉降进入沿海，而大气沉降更是能够影响到偏远海域，最终引起输入海洋的氮通量增加[50]。今天，开阔大洋来自大气沉降的生物可利用的固定氮量是 1860 年水平的 3 倍，预期到 2050 年还将增加 10%～20%[56]。如果人为源氮的沉降量继续增加，那么原本氮受限的生态系统就有可能转变为受限于其他营养元素比如磷或痕量金属[57]。虽然微生物最终还是能够恢复氮循环的平衡，但是如果现在不对此进行积极干预和严密管理，那么由此导致的经济损失将持续几十年甚至几百年[49]。

1.2.3　硫的海洋生物地球化学循环

虽然硫占生物体的重量通常不到 1%[58]，但它是一切生物体的必需元素。硫的同化代谢广泛存在于微生物、植物和动物中，被用于制造生物分子（比如，半胱氨酸和蛋氨酸等氨基酸）、辅酶、辅助底物和生物分子的无机成分（比如，电子传递酶中的硫铁复合物）[59]。硫的生物地球化学循环包括微生物多种多样的代谢活动、非生物反应和在不同储库循环的地质作用，其中以一系列能够改变硫氧化态的微生物代谢活动最为重要，从而能够显著调节地球表面环境。微生物的三个代谢过程对硫的生物地球化学循环尤为重要，分别是硫酸盐还原、硫化物氧化和硫歧化。构成硫循环的各种代谢过程都对应着各自的硫稳定同位素分馏，这在硫循环的生物过程中是极为重要的[60]。这是因为，含硫物种间硫稳定同位素（^{32}S，^{33}S，^{34}S 和 ^{36}S）的分布可以用以确定不同氧化还原过程的硫转化相对值，并进而用来追溯各种代谢途径的硫通量。

在地质年代表上，经年累月埋藏于海洋沉积物和沉积岩石的氧化态硫矿物（硫酸盐）和还原态硫矿物（硫化物）可以调节海洋的氧化还原状态，并最终能够调节大气中的 O_2 水平，从而与地球外大气层的氧化还原状态紧密相连[58]。硫循环主要通过海洋沉积物中硫酸盐还原的微生物代谢活动导致的有机碳再矿化影响全球碳循环和气候[59]。这些耦合作用使硫循环和地球大气氧化状态、气候的长期演化直接相关。

二甲基硫（DMS）是海洋中丰度最高的挥发态硫，是对流层还原态硫的主要天然源。DMS 来自大量存在于海洋浮游植物细胞内的二甲巯基丙酸内盐（Dimethylsulphonium Propionate，DMSP）的酶裂解反应。海洋 DMS 的排放通量介于 15×10^{12} 和 33×10^{12} gS/a 之间，是全球人为源硫排放量的 1/3，而且大气寿命长于人为源硫，导致海洋对大气硫负荷的贡献率可达到 40%，因此，海洋 DMS 足以成为大气硫负荷的主要来源，并对大气化学和大气辐射产生重大影响[61-63]。在远离大陆和人为源气溶胶的海域，比如南半球的大多数海域，大气中绝大部分的硫来自于海洋 DMS。

CLAW 假说是硫的生物地球化学循环中非常重要的假说，它是由 Charlson、Lovelock、Andreae 和 Warren 四人于 1987 年提出的[64]。这个假说认为海洋浮游植物可以通过产生二甲基硫调节全球气候。海洋浮游植物释放 DMS 到大气中发生氧化反应生成硫酸盐气溶胶，形成云凝结核（Cloud Condensation Nuclei，CCN），从而改变云反射率，以此影响大气温度和太阳辐射。这些影响就会形成反馈作用，反过来影响海洋浮游植物的种群数量以及 DMS 的产生（图 1-8）。

图 1-8 以大气中的硫为纽带的海洋浮游植物和气候的反馈系统[61]

过去三十年，这个基于生态学和进化论、关联海洋生物圈和大气圈的观点一直在发生变化。一方面，驱动海洋产生并向大气释放硫的因素不仅包括浮游植物的生物量、种类和活动水平，而且包括食物网的结构和动态变化[61]。另一方面，外场和实验室研究都表明遥远海洋大气边界层 CCN 的来源远非 CLAW假说将 DMS 作为唯一来源那么简单，而是有着更多的其他来源[65]。正如 1.1

节所述，海洋表面的泡沫飞溅可以使海水中的无机组分海盐和有机物进入大气中，而且不论从质量还是数量来看，海洋表面的泡沫飞溅都是海洋大气边界层气溶胶的主要来源，此外，还有来自陆源气溶胶长距离传输的贡献。因此遥远海洋大气边界层 CCN 的浓度水平是 DMS 源和非 DMS 源的综合结果，也因此导致 DMS 对气候的生物调控的敏感性并不显著。

CLAW 假说的提出，将海洋生物化学、大气化学、云物理和气候动力学联合在一个反馈中，在范围上是十分创新且有远见的[65]。而如果 CLAW 假说最终没有经受住时间的检验，或许是源于其被提出时检验方法的局限性和对生物化学、大气过程认知的不确定性，而现在的我们对这些过程有了更进一步的了解。或许 CLAW 假说已经不能满足现有的大气条件，或许有其他比二甲基硫更重要的云凝结核贡献源的存在，但 CLAW 假说对未来的研究是具有导向意义的，随着技术手段的革新、海气传输过程的完善和跨学科合作的达成，相信更为全面、准确的云凝结核产生转化机制将被提出和证实，其对气候的潜在影响也会被更好的评估。CLAW 假说是否真成为"假"说，需要在最新认知的背景下，采用新的技术手段通过多学科交叉研究来回答这一问题。

1.2.4　磷的海洋生物地球化学循环

磷是陆地和海洋生态系统中重要的营养元素。磷在地壳元素中的丰度位列第 11 位，质量分数约为 0.1%，以无机磷酸盐矿物质和有机磷酸盐衍生物的形式存在于土壤和岩石中[66]。磷灰石是地壳中最常见的天然含磷矿物质，含磷量占总含磷量的 95% 以上。目前已知的还有其他约 300 种含磷酸盐的矿物质[66]。土壤和沉积物中的有机磷酸盐衍生物包括正磷酸单酯、正磷酸二酯、磷酸酯和磷酐（如三磷酸腺苷），其中含量最多的是正磷酸单酯。土壤中含量最多的则是肌醇磷酸，如肌醇六磷酸。在海洋沉积物和沉积岩中，有机磷仅占很少一部分，在大多数情况下它的含量也比无机磷少得多。地球大气不存在稳定的含磷的气态物质，因此大气中的总磷指的是颗粒态的磷[67]，这就导致磷的大气传输与碳、氮有着本质的区别。

海洋中的磷主要来源于河川径流，每年有大约 150 万 t 可溶性磷和超过

2 000 万 t 不可溶性磷流入海洋[68]。80%以上的不可溶性磷形成沉积物，沉入近海海底。海水中的可溶性磷因为浮游植物的同化作用可在生物地球化学过程中反复循环，浮游植物每年消耗的磷可达 1.5～2.5 Gt[68]。与工业革命前的水平相比，来自河流的磷通量增加了 50%～300%，并将随着未来全球人口的增加而增加，除非矿物质磷的减少量足以和这一增加量相互抵消[69]。

　　大气中磷的主要来源是矿物气溶胶（82%），其次是生物源的一次颗粒物（12%）和燃烧源（5%），后两者是非工业地区的重要来源[13]。全球平均而言，人为输入对总磷和磷酸盐的贡献估计分别为 5%和 15%，对初级生产力受限于磷的贫营养海域的贡献可高达 50%[13]。这就导致陆地生态系统的总磷处于净亏损的状态，而海洋则处于净增加的状态，每年净增量达 560 Gg[13]。

　　海洋中磷的汇主要是磷由可溶态转化为颗粒态，沉降到海底成为沉积物，还有一小部分磷会随海水和海洋地壳相互作用产生的热液冷却沉积到海床（图1-9）。开阔大洋的磷主要以可溶性形式存在，总量大约为 3×10^{15} mol，其中 97%存在于深层海水，仅有 3%存在于表层海水[66]。可溶性磷在海洋中的停留时间在 2 万～10 万年。具体而言，磷在深层海水的周转时间与海洋混合一次约 1 500年的时间接近，在表层海水的周转时间则只需 1～3 年甚至更短。

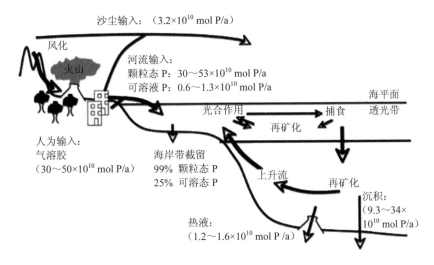

图 1-9　磷的海洋生物地球化学循环和通量[66]

1.2.5　铁的海洋生物地球化学循环

海洋生物地球化学循环中最重要的营养元素可能是 Fe，因为它是生物必需的微量营养元素[70]。铁存在于很多海洋光合生物的酶中，在光合、呼吸和固氮中发挥着作用[71]。在水生光合生物体内，光合体系、细胞色素等光合器官和三磷酸腺苷合成酶都离不开铁。铁可与蛋白质形成铁蛋白复合物，是许多生命系统新陈代谢过程不可或缺的电子转移介质[43]。此外，硝酸盐、亚硝酸盐、硫酸盐的还原也都需要铁。

大气中的 Fe 沉降于海洋后只有一部分比例能够溶解于海水，也只有溶于海水的 Fe 能够被浮游植物利用于生长所需，因此，这部分 Fe 的比例是决定很多开阔大洋初级生产力的关键因素[72]。由于固氮酶对铁有较高的需求，海水中过低的溶解铁的浓度就会成为某些海域初级生产力的限制因素[73]，或者成为某些海域固氮速率的主导因素[74]。大气和海洋的许多因素都会最终影响铁的总体溶解度：含铁颗粒物的来源与粒径、大气化学或光化学过程、可溶铁在海水中的浓度、铁在海水中的络合性、液态沙尘的浓度、细菌和浮游植物等[72]。可溶解的铁一般是二价铁，尽管其他形式的铁也可能为生物所利用[75]。有证据显示某些生物体有可能直接利用颗粒态的铁[76]。即使是二价铁，也不一定总能被生物利用。

目前对来自大气沉降的铁可溶于海水或可被海洋光合生物利用的比例还缺少认识，颗粒态铁的溶解性也因此成为海洋铁循环研究中一个重要的不确定因素[72]。虽然地壳中铁的丰度为 3.5%，但是土壤中可溶性铁只有 0.5%[77]。铁在大气中被老化后，颗粒态铁的溶解度会增加[78]。不同地点、不同时间测得的铁的溶解性有很大的差异，测量值最小可到 0.01%，最大可到 80%[79]。根据来自沙尘沉降的铁输入量和海洋可溶解铁的量，计算得到的全球气溶胶中铁的平均溶解度约为 1%~2%[80]。

在全球偌大的传输体系中，海洋的铁主要来自河流悬浮物。然而，除了一些河流能够直接冲出大陆架以外，来自河流和冰川的颗粒态铁在近海岸区即被大部分截留[81]。虽然海底热液能够释放可观的铁，但它一经释放即快速沉入海洋深处。因此，开阔大洋表层铁的主要来源是起于世界各大沙漠的沙尘的大气传输，大部分起始于数千公里之外的沙漠地带，然后经大气传输沉降到深海（图1-10）[43,72]。大气中铁的全球平均收支的95%来自沙尘源，其余5%来自工业、生物燃料、生物质等燃烧源[18]，它们的溶解性可能高于土壤中的铁[80]。此外火山喷发事件也会成为铁的重要来源[18]。较为不可溶的沙尘在经过大气作用可产生生物活性的铁，燃烧源也可以直接排放可溶性的铁。某些铁可能由于化学上过于稳定不能被海洋生物直接利用，以及虽然铁主要通过沙尘沉降到海洋，但是人为活动带来的污染物传输，尤其是由此导致的海洋酸性的增加，有可能使生物可利用的铁成倍增加[18]。

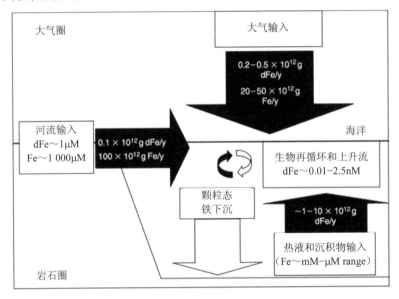

图 1-10　铁的海洋地球化学循环和通量

注：白色方框内是可溶性铁和颗粒态铁的环境浓度，黑色箭头内是年均通量[43]。

　　世界上大多数海域的初级生产受限于光和常量营养元素，比如硝酸盐、磷酸盐和硅酸盐，但大约有40%的水体表层并不缺少这些营养元素[28]。这些海域也因此被命名为高营养盐低叶绿素海区，南大洋和太平洋靠近赤道和北极的海域都属于此类海区。美国化学家约翰·马丁于1990年发表了"铁假说"[82]。

这一假说的依据是 CO_2 和冰核中铁的浓度成反比关系。他因此提出通过输入沙尘的方式以增加高营养盐低叶绿素海区的铁，可以刺激海域的初级生产。进一步地，这种现象有可能大大减少 CO_2 浓度，降低大气温度，并因此造成显著的全球气候变化。铁的匮乏与高营养盐低叶绿素海区的存在和 CO_2 在冰期—间冰期时间尺度上的浓度变化紧密相关[83]，因此，铁影响着碳的生物地球化学循环。与此相矛盾的是，一些海洋固氮生物对铁的需求高于其他浮游植物[84]，这导致铁的可利用性将主导固氮过程的进行[85]。因此，铁与氮的生物地球化学循环也有着直接的联系，在海洋中添加铁将比大量增加氮沉降更为有效地改变海洋的氮循环。

1.3 小结

海洋及其生物地球化学循环是一个庞大的复杂系统，海洋与大气，各个生物地球化学循环之间，一环扣一环，相互联系，相互影响。在不受人类活动干扰的原始海洋中，海洋以其自身规律维持其内在的联系。但是自工业革命以来，为了满足人类日益增长的需求而发展起来的生产生活方式已经彻底破坏了海洋生态及其生物地球化学循环，使海洋的可持续生产面临危机。特别是最近几十年以来，人类活动向大气排放的各类污染物向海洋大气传输，并最终沉降到海洋，影响着这些海域的生态和物质循环。如果人类对此不采取有力措施，那么海洋将面临灭顶之灾。幸而当今社会对海洋保护已经开始有清醒的认识，这些认识必将有助于人类更好地利用和保护海洋。

参考文献

[1] Gruber N. OCEAN BIOGEOCHEMISTRY Carbon at the coastal interface[J]. Nature, 2015, 517（7533）: 148-149.

[2] Liss PS, Marandino CA, Dahl EE, et al. Short-Lived Trace Gases in the Surface Ocean and the Atmosphere//Liss PS, Johnson MT, editors. Ocean-Atmosphere Interactions of Gases

and Particles[M]. Berlin，Heidelberg：Springer Berlin Heidelberg；2014，pp. 1-54.

[3]　Law CS，Breviere E，de Leeuw G，Garcon V，Guieu C，Kieber DJ，et al. Evolving research directions in Surface Ocean-Lower Atmosphere （SOLAS）science[J]. Environmental Chemistry，2013，10（1）：1-16.

[4]　Sabine CL，Feely RA，Gruber N，Key RM，Lee K，Bullister JL，et al. The oceanic sink for anthropogenic CO_2[J]. Science，2004，305（5682）：367-371.

[5]　Bindof NL，Willebrand J，Artale V，Cazenave A，Gregory J. Observations：Oceanic Climate Change and Sea Level[J]. Climate Change 2007：the Physical Science Basis Contribution of Working Group I to the Fourth Assessment Report of the Intergovernmental Panel on Climate Change，2007.

[6]　Field CB，Behrenfeld MJ，Randerson JT，Falkowski P. Primary production of the biosphere：Integrating terrestrial and oceanic components[J]. Science，1998，281（5374）：237-240.

[7]　Shao Y，Wyrwoll K-H，Chappell A，Huang J，Lin Z，McTainsh GH，et al. Dust cycle：An emerging core theme in Earth system science[J]. Aeolian Research，2011，2（4）：181-204.

[8]　Veron F. Ocean Spray. In：Davis SH，Moin P，editors. Annual Review of Fluid Mechanics，Vol 47[M]. Annual Review of Fluid Mechanics. 472015. pp. 507-538.

[9]　Seinfeld J，Pandis S. Atmospheric chemistry and physics：from air pollution to climate change[M]：John Wiley & Sons，Inc.，Hoboken，New Jersey，2006，pp. 384-388.

[10]　Andreae MO. Aerosols before pollution[J]. Science，2007，315（5808）：50-51.

[11]　Mahowald N，Ward DS，Kloster S，Flanner MG，Heald CL，Heavens NG，et al. Aerosol Impacts on Climate and Biogeochemistry. In：Gadgil A，Liverman DM，editors. Annual Review of Environment and Resources，Vol. 36[M]. Annual Review of Environment and Resources. 36. Palo Alto：Annual Reviews；2011，pp. 45-74.

[12]　Textor C，Schulz M，Guibert S，Kinne S，Balkanski Y，Bauer S，et al. Analysis and quantification of the diversities of aerosol life cycles within AeroCom[J]. Atmospheric Chemistry and Physics，2006，6：1777-1813.

[13]　Mahowald N，Jickells TD，Baker AR，Artaxo P，Benitez-Nelson CR，Bergametti G，et al. Global distribution of atmospheric phosphorus sources，concentrations and deposition

rates, and anthropogenic impacts[J]. Global Biogeochemical Cycles, 2008, 22 (4).

[14] O'Dowd CD, Facchini MC, Cavalli F, Ceburnis D, Mircea M, Decesari S, et al. Biogenically driven organic contribution to marine aerosol[J]. Nature, 2004, 431 (7009): 676-680.

[15] O'Dowd CD, De Leeuw G. Marine aerosol production: a review of the current knowledge[J]. Philosophical Transactions of the Royal Society a-Mathematical Physical and Engineering Sciences, 2007, 365 (1856): 1753-1574.

[16] Lin P, Hu M, Wu Z, Niu Y, Zhu T. Marine aerosol size distributions in the springtime over China adjacent seas[J]. Atmospheric Environment, 2007, 41 (32): 6784-6796.

[17] Jickells TD, An ZS, Andersen KK, Baker AR, Bergametti G, Brooks N, et al. Global iron connections between desert dust, ocean biogeochemistry, and climate[J]. Science, 2005, 308 (5718): 67-71.

[18] Mahowald NM, Engelstaedter S, Luo C, Sealy A, Artaxo P, Benitez-Nelson C, et al. Atmospheric Iron Deposition: Global Distribution, Variability, and Human Perturbations[J]. Annual Review of Marine Science, 2009, 1: 245-278.

[19] Luo C, Mahowald N, Bond T, Chuang PY, Artaxo P, Siefert R, et al. Combustion iron distribution and deposition[J]. Global Biogeochemical Cycles, 2008, 22 (1).

[20] Ginoux P, Chin M, Tegen I, Prospero JM, Holben B, Dubovik O, et al. Sources and distributions of dust aerosols simulated with the GOCART model[J]. Journal of Geophysical Research-Atmospheres, 2001, 106 (D17): 20255-20273.

[21] Andreae MO, Rosenfeld D. Aerosol-cloud-precipitation interactions. Part 1. The nature and sources of cloud-active aerosols[J]. Earth-Science Reviews, 2008, 89 (1-2): 13-41.

[22] Costanza R, dArge R, deGroot R, Farber S, Grasso M, Hannon B, et al. The value of the world's ecosystem services and natural capital[J]. Nature, 1997, 387 (6630): 253-260.

[23] Moore CM, Mills MM, Arrigo KR, Berman-Frank I, Bopp L, Boyd PW, et al. Processes and patterns of oceanic nutrient limitation[J]. Nature Geoscience, 2013, 6 (9): 701-710.

[24] Geider R, La Roche J. Redfield revisited: variability of C : N : P in marine microalgae and its biochemical basis[J]. European Journal of Phycology, 2002, 37 (1): 1-17.

[25] Arrigo KR. Marine microorganisms and global nutrient cycles[J]. Nature, 2005, 437(7057):

349-355.

[26] Boyd PW，Strzepek R，Fu FX，Hutchins DA. Environmental control of open-ocean phytoplankton groups：Now and in the future[J]. Limnology and Oceanography，2010，55（3）：1353-1376.

[27] Taylor PG，Townsend AR. Stoichiometric control of organic carbon-nitrate relationships from soils to the sea[J]. Nature，2010，464（7292）：1178-1181.

[28] Moore JK，Doney SC，Glover DM，Fung IY. Iron cycling and nutrient-limitation patterns in surface waters of the World Ocean[J]. Deep-Sea Research Part Ii-Topical Studies in Oceanography，2002，49（1-3）：463-507.

[29] Falkowski P，Scholes RJ，Boyle E，Canadell J，Canfield D，Elser J，et al. The global carbon cycle：A test of our knowledge of earth as a system[J]. Science，2000，290（5490）：291-296.

[30] Duce RA，Liss PS，Merrill JT，Atlas EL，Buat-Me/Users/apple/Downloads/tandf_tejp_1. risnard P，Hicks BB，et al. The atmospheric input of trace species to the world ocean[J]. Global Biogeochemical Cycles，1991，5（3）：193-259.

[31] Paytan A，Mackey KRM，Chen Y，Lima ID，Doney SC，Mahowald N，et al. Toxicity of atmospheric aerosols on marine phytoplankton[J]. Proceedings of the National Academy of Sciences，2009，106（12）：4601-4605.

[32] Mills MM，Ridame C，Davey M，La Roche J，Geider RJ. Iron and phosphorus co-limit nitrogen fixation in the eastern tropical North Atlantic[J]. Nature，2004，429（6989）：292-294.

[33] Doney SC. The Growing Human Footprint on Coastal and Open-Ocean Biogeochemistry[J]. Science，2010，328（5985）：1512-1516.

[34] Forster P，Ramaswamy V. Changes in Atmospheric Constituents and in Radiative Forcing. CLIMATE CHANGE 2007：THE PHYSICAL SCIENCE BASIS[M]：CAMBRIDGE UNIV PRESS；2007，pp. 129-234.

[35] Mahowald N，Lindsay K，Rothenberg D，Doney SC，Moore JK，Thornton P，et al. Desert dust and anthropogenic aerosol interactions in the Community Climate System Model coupled-carbon-climate model[J]. Biogeosciences，2011，8（2）：387-414.

[36] Mahowald N. Aerosol Indirect Effect on Biogeochemical Cycles and Climate[J]. Science, 2011, 334 (6057): 794-796.

[37] Raymond PA, Oh NH, Turner RE, Broussard W. Anthropogenically enhanced fluxes of water and carbon from the Mississippi River[J]. Nature, 2008, 451 (7177): 449-452.

[38] Quinton JN, Govers G, Van Oost K, Bardgett RD. The impact of agricultural soil erosion on biogeochemical cycling[J]. Nature Geoscience, 2010, 3 (5): 311-314.

[39] Regnier P, Friedlingstein P, Ciais P, Mackenzie FT, Gruber N, Janssens IA, et al. Anthropogenic perturbation of the carbon fluxes from land to ocean[J]. Nature Geoscience, 2013, 6 (8): 597-607.

[40] Bauer JE, Cai WJ, Raymond PA, Bianchi TS, Hopkinson CS, Regnier PAG. The changing carbon cycle of the coastal ocean[J]. Nature, 2013, 504 (7478): 61-70.

[41] de Leeuw G, Guieu C, Arneth A, Bellouin N, Bopp L, Boyd PW, et al. Ocean–Atmosphere Interactions of Particles. In: Liss PS, Johnson MT, editors. Ocean-Atmosphere Interactions of Gases and Particles[M]. Berlin, Heidelberg: Springer Berlin Heidelberg; 2014, pp. 171-246.

[42] Falkowski PG. The Role of Phytoplankton Photosynthesis in Global Biogeochemical Cycles[J]. Photosynthesis Research, 1994, 39 (3): 235-258.

[43] Ussher SJ, Achterberg EP, Worsfold PJ. Marine Biogeochemistry of Iron[J]. Environmental Chemistry, 2004, 1 (2): 67-80.

[44] Mackenzie FT, Lerman A, Andersson AJ. Past and present of sediment and carbon biogeochemical cycling models[J]. Biogeosciences, 2004, 1 (1): 11-32.

[45] Le Quere C, Raupach MR, Canadell JG, Marland G, Bopp L, Ciais P, et al. Trends in the sources and sinks of carbon dioxide[J]. Nature Geoscience, 2009, 2 (12): 831-836.

[46] Denman KL, Brasseur G. Couplings Between Changes in the Climate System and Biogeochemistry. CLIMATE CHANGE 2007: THE PHYSICAL SCIENCE BASIS[M]: CAMBRIDGE UNIV PRESS; 2007,pp. 499-587.

[47] Friedlingstein P, Cox P, Betts R, Bopp L, Von Bloh W, Brovkin V, et al. Climate-carbon cycle feedback analysis: Results from the (CMIP) -M-4 model intercomparison[J]. Journal

of Climate，2006，19（14）：3337-3353.

[48] Fowler D，Coyle M，Skiba U，Sutton MA，Cape JN，Reis S，et al. The global nitrogen cycle in the twenty-first century[J]. Philosophical Transactions of the Royal Society B-Biological Sciences，2013，368（1621）.

[49] Canfield DE，Glazer AN，Falkowski PG. The Evolution and Future of Earth's Nitrogen Cycle[J]. Science，2010，330（6001）：192-196.

[50] Voss M，Bange HW，Dippner JW，Middelburg JJ，Montoya JP，Ward B. The marine nitrogen cycle：recent discoveries，uncertainties and the potential relevance of climate change[J]. Philosophical Transactions of the Royal Society B-Biological Sciences，2013，368（1621）.

[51] Galloway JN，Dentener FJ，Capone DG，Boyer EW，Howarth RW，Seitzinger SP，et al. Nitrogen cycles：past，present，and future[J]. Biogeochemistry，2004，70（2）：153-226.

[52] Gruber N，Galloway JN. An Earth-system perspective of the global nitrogen cycle[J]. Nature，2008，451（7176）：293-296.

[53] Redfield AC. The Biological Control of Chemical Factors in the Environment[J]. American Scientist，1958，46（3）：205-221.

[54] Klausmeier CA，Litchman E，Daufresne T，Levin SA. Optimal nitrogen-to-phosphorus stoichiometry of phytoplankton[J]. Nature，2004，429（6988）：171-174.

[55] Altabet MA，Higginson MJ，Murray DW. The effect of millennial-scale changes in Arabian Sea denitrification on atmospheric CO_2[J]. Nature，2002，415（6868）：159-162.

[56] Duce RA，LaRoche J，Altieri K，Arrigo KR，Baker AR，Capone DG，et al. Impacts of atmospheric anthropogenic nitrogen on the open ocean[J]. Science，2008，320（5878）：893-897.

[57] Galloway JN，Aber JD，Erisman JW，Seitzinger SP，Howarth RW，Cowling EB，et al. The nitrogen cascade[J]. Bioscience，2003，53（4）：341-56.

[58] Canfield DE. Biogeochemistry of sulfur isotopes[J]. Stable Isotope Geochemistry，2001，43：607-636.

[59] Fike DA，Bradley AS，Rose CV. Rethinking the Ancient Sulfur Cycle[J]. Annual Review of Earth and Planetary Sciences，2015，43：593-622.

[60] Brunner B，Bernasconi SM. A revised isotope fractionation model for dissimilatory sulfate reduction in sulfate reducing bacteria[J]. Geochimica Et Cosmochimica Acta，2005，69（20）：4759-4771.

[61] Simo R. Production of atmospheric sulfur by oceanic plankton：biogeochemical，ecological and evolutionary links[J]. Trends in Ecology & Evolution，2001，16（6）：287-294.

[62] 赵春生,秦瑜. 遥远海洋大气边界层中DMS通量与CCN的形成[J]. 自然科学进展,1998（6）：60-8.

[63] 胡敏,唐孝炎. 海洋排放的二甲基硫在大气中的作用[J]. 化学进展, 1995（2）：152-158.

[64] Charlson RJ，Lovelock JE，Andreae MO，Warren SG. Oceanic Phytoplankton，Atmospheric Sulfur，Cloud Albedo and Climate[J]. Nature，1987，326（6114）：655-661.

[65] Quinn PK，Bates TS. The case against climate regulation via oceanic phytoplankton sulphur emissions[J]. Nature，2011，480（7375）：515-516.

[66] Paytan A，McLaughlin K. The oceanic phosphorus cycle[J]. Chemical Reviews，2007，107（2）：563-576.

[67] Graham WF，Duce RA. Atmospheric Pathways of the Phosphorus Cycle[J]. Geochimica Et Cosmochimica Acta，1979，43（8）：1195-1208.

[68] Baturin GN. Phosphorus cycle in the ocean[J]. Lithology and Mineral Resources，2003，38（2）：101-119.

[69] Cordell D，Drangert JO，White S. The story of phosphorus：Global food security and food for thought[J]. Global Environmental Change-Human and Policy Dimensions，2009，19（2）：292-305.

[70] Boyd PW，Wong CS，Merrill J，Whitney F，Snow J，Harrison PJ，et al. Atmospheric iron supply and enhanced vertical carbon flux in the NE subarctic Pacific：Is there a connection？[J]. Global Biogeochemical Cycles，1998，12（3）：429-441.

[71] Morel FMM，Price NM. The biogeochemical cycles of trace metals in the oceans[J]. Science，2003，300（5621）：944-947.

[72] Baker AR，Croot PL. Atmospheric and marine controls on aerosol iron solubility in seawater[J]. Marine Chemistry，2010，120（1-4）：4-13.

[73] Boyd PW，Jickells T，Law CS，Blain S，Boyle EA，Buesseler KO，et al. Mesoscale iron enrichment experiments 1993-2005：Synthesis and future directions[J]. Science，2007，315 （5812）：612-617.

[74] Sanudo-Wilhelmy SA，Kustka AB，Gobler CJ，Hutchins DA，Yang M，Lwiza K，et al. Phosphorus limitation of nitrogen fixation by Trichodesmium in the central Atlantic Ocean[J]. Nature，2001，411（6833）：66-69.

[75] Barbeau K，Rue EL，Bruland KW，Butler A. Photochemical cycling of iron in the surface ocean mediated by microbial iron（III）-binding ligands[J]. Nature，2001，413（6854）：409-413.

[76] Kraemer SM，Butler A，Borer P，Cervini-Silva J. Siderophores and the dissolution of iron-bearing minerals in marine systems[J]. Molecular Geomicrobiology，2005，59：53-84.

[77] Hand JL，Mahowald NM，Chen Y，Siefert RL，Luo C，Subramaniam A，et al. Estimates of atmospheric-processed soluble iron from observations and a global mineral aerosol model：Biogeochemical implications[J]. Journal of Geophysical Research-Atmospheres，2004，109（D17）.

[78] Zhuang GS，Yi Z，Duce RA，Brown PR. Link between Iron and Sulfur Cycles Suggested by Detection of Fe（Ii）in Remote Marine Aerosols[J]. Nature，1992，355（6360）：537-539.

[79] Mahowald NM，Baker AR，Bergametti G，Brooks N，Duce RA，Jickells TD，et al. Atmospheric global dust cycle and iron inputs to the ocean[J]. Global Biogeochemical Cycles，2005，19（4）.

[80] Jickells T，Spokes L. Atmospheric iron inputs to the oceans. In：Turner，D.R.，Hunter，K.（Eds.），The Biogeochemistry of Iron in Seawater[M]. Wiley，Chichester，2001.

[81] Poulton SW，Raiswell R. The low-temperature geochemical cycle of iron：From continental fluxes to marine sediment deposition[J]. American Journal of Science，2002，302（9）：774-805.

[82] Martin JH. Glacial-Interglacial CO_2 Change：The Iron Hypothesis[J]. Paleoceanography，1990，5（1）：1-13.

[83] Ridgwell AJ，Watson AJ. Feedback between aeolian dust，climate，and atmospheric CO_2 in

glacial time[J]. Paleoceanography，2002，17（4）.

[84] Moore JK，Doney SC，Lindsay K. Upper ocean ecosystem dynamics and iron cycling in a global three-dimensional model[J]. Global Biogeochemical Cycles，2004，18（4）.

[85] Krishnamurthy A，Moore JK，Mahowald N，Luo C，Zender CS. Impacts of atmospheric nutrient inputs on marine biogeochemistry[J]. Journal of Geophysical Research-Biogeosciences，2010，115.

2

陆源大气污染物的排放、传输及其对海洋环境的影响

虽然全世界只有不到 4%的人口居住在沿海超大城市，但是由于沿海地区发展快速、人口稠密和能量消耗巨大，使得城市环境质量恶化，这种影响突出表现在经济一直保持高速发展的东亚地区[1]。由于不断增长的人口以及快速发展的工业化和城市化，导致大量的大气污染物排放，这些污染物包括：二氧化碳（CO_2）和甲烷（CH_4）等温室气体；二氧化硫（SO_2）、氮氧化物（$NO_x = NO + NO_2$）、一氧化碳（CO）、氨气（NH_3）和非甲烷挥发性有机物（Non-methane Volatile Organic Compounds，NMVOCs）等臭氧和二次颗粒物的前体物；以及含有不同组分的一次颗粒或黑碳、有机碳的混合物[2]。这些污染物在光照等气象条件下发生着复杂的化学反应，并长距离跨大陆传输，影响空气质量和气候变化。大气颗粒物在传输过程中的沉降（包括干沉降和湿沉降）是海洋营养物和痕量金属的重要来源，这些营养物和痕量金属可以提高海洋生产力和碳汇，从而影响大气中 CO_2 浓度并进而影响全球气候变化[3]。

2.1　陆源大气污染物的排放

通常通过对陆源下风向区域沿海点大气污染物的测定，研究海洋与陆地间大气污染物的相互作用。区域沿海点作为受陆源污染物长距离传输影响的受体点，对其大气污染物的浓度和通量的全面认识，进而准确地评价源区污染物的排放量、转化和浓度[4]。为了研究当地及其下风向地区的化学转化和由此导致的污染物浓度，模型需要精确的排放量时空数据。一些污染物并不是一次排放进入大气中，而是经由前体物相互作用二次生成的（如臭氧和二次颗粒物等）；在源区不论是一次排放还是二次生成的污染物，它们能不能传输很远的距离取决于它们在大气中的寿命。大气污染物的天然排放源主要有沙尘、活的和死亡的有机体、闪电以及火山。由于亚洲有广阔的沙漠地区，矿物尘是其主要的天然气溶胶。其他气体和气溶胶主要来源于人为一次排放或二次生成，而与天然排放无关。

2.1.1　气态污染物排放

在北半球中纬度地区，CO 主要是化石燃料不完全燃烧的产物；而在热带和南半球地区，CO 主要来自生物质燃烧。作为气体污染物和在大气化学中扮演的关键角色，CO 一直是一个研究热点，因此，CO 的地面排放量需要在空间位置和数量上都具有精确的代表性。Fortems-Cheiney 等人[5]将全球大陆划分成14 块区域，并利用搭载在美国国家航空航天局（National Aeronautics and Space Administration，NASA）Terra 卫星上的对流层污染观测（Measurements of Pollution in the Troposphere，MOPITT）仪器测得的大气层 CO 浓度作为自上而下反向估算的约束条件，得到 2000—2009 年全球 14 块区域每年的 CO 排放量（图 2-1）。正如之前的研究一样[e.g.,6]，这一结果同样突出了东南亚作为 CO 排放来源的重要性，年均排放量高达 280T g，然后依次是南美洲温带地区（154 Tg/a）、北非（143 Tg/a）、南非（140 Tg/a）、美国（136 Tg/a）和欧洲（130 Tg/a）。不论是从国土面积还是从经济总量来看，中国是东南亚举足轻重的国家，而在其经济依旧高速发展的背景下，它对整个亚洲污染物排放量的贡献很大。

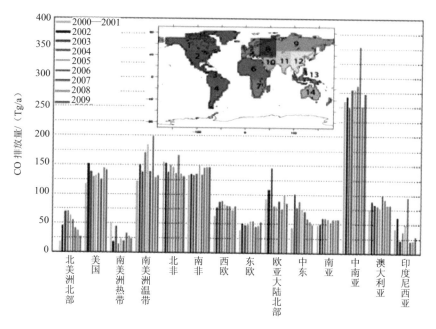

图 2-1　全球大陆 14 块区域 2000—2009 年每年的 CO 排放量[5]

Zhang 等人[7]对 2006 年亚洲污染物排放清单的研究表明（图 2-2），中国是污染物排放量最多的国家，贡献了亚洲各污染物总排放量中 SO_2 的 66%，NO_x 的 57%，CO 的 56%和 NMVOCs 的 43%。印度是仅次于中国的第二大污染物排放国家，贡献了亚洲各污染物总排放量中 SO_2 的 12%，NO_x 的 13%，CO 的 20% 和 NMVOCs 的 20%。SO_2、NO_x、CO、NMVOCs 在中国和印度两个国家的排放量之和分别是整个亚洲排放总量的 78%、70%、76%和 63%。

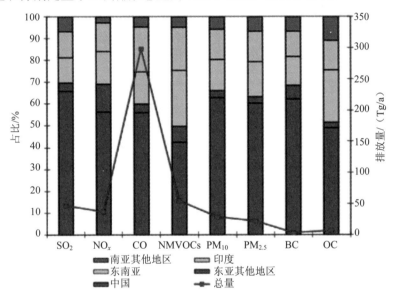

图 2-2　2006 年亚洲不同地区污染物排放的绝对总量与相对比例[7]

SO_2、NO_x、CO 和 NMVOCs 的排放分布如图 2-3 所示。通过比较这四个图例相同的图可以发现如下一些特征：明显的 SO_2、NO_x、CO 排放源主要集中在中国的四川盆地和工业化较为发达的东部；运输业发达的日本也存在着相对较强的 NO_x 和 NMVOCs 排放源；显著的 NMVOCs 排放源主要来自东南亚的生物质燃烧。当将整个亚洲 NO_x 和 CO 的排放分布与人口密度分布相比较就会发现（图 2-4），NO_x 和 CO 的排放分布大部分是随着人口密度分布的变化而变化的。

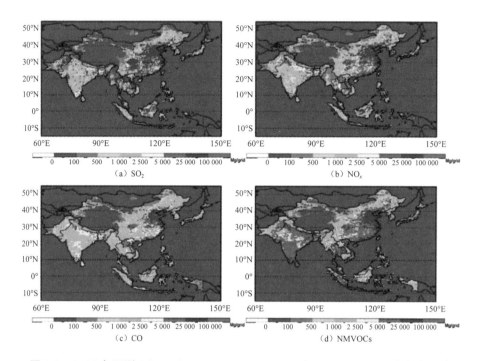

图 2-3　2006 年亚洲 SO_2（a）、NO_x（b）、CO（c）和 NMVOCs（d）的排放分布
[单位：Mg/（a·网格）][7]

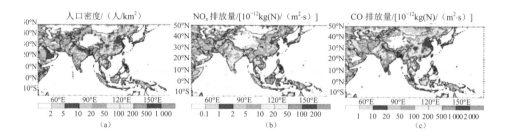

图 2-4　2000 年亚洲人口密度（a）、NO_x（b）和 CO（c）排放量的分布[2]

由于人口、工农业生产的急剧膨胀，基本上所有的气态污染物仍然在以惊人的速度增加着。估计 2010 年有超过 40 亿的人居住在东亚和印度次大陆。飞速发展的经济和快速增长的人口将导致亚洲各国对能源需求的显著增加。目前

亚洲对能源的需求大约每 12 年翻一番。如果亚洲的工业化没有在科技和能源效率上取得主要进步，而是依旧毫无节制地发展，那么可以预期未来对能源需求将进一步增加。如果亚洲人口、经济和能源需求同时持续增长，必将导致污染物排放量巨大的增加[4]。Lawrence 等人[2]估计亚洲在 2000—2020 年间 SO_2、NO_x、CO、CO_2 和 NMVOCs 的排放量仍将有很大比例的增加（图 2-5），特别是 SO_2 和 NO_x。因此，不管是在亚洲，还是在它的下风向地区，未来的空气污染和大气化学研究都迫切需要将亚洲排放的 SO_2 和 NO_x 以及其他污染物考虑在内。为此，亚洲地区是大气化学研究的重点区域。

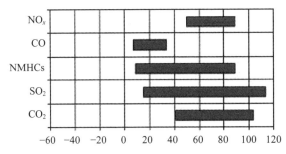

图 2-5   2000—2020 年间亚洲气体排放量的变化[2]

2.1.2   颗粒态污染物排放

气溶胶光学厚度（Aerosol Optical Depth，AOD）可以用来代表气溶胶含量，全球 AOD 可以通过搭载于美国 Terra 和 Aqua 卫星的中分辨率成像光谱仪（Moderate Resolution Imaging Spectrometer，MODIS）探测得到。在图 2-6（b）到图 2-6（c）中，较高的气溶胶光学厚度在人口高度集中的地区是由空气污染导致的，而热带地区则主要由森林大火和农业燃烧导致。在表面明亮的沙漠和冰原地区 MODIS 没有观测数据，而在沙漠边缘地区由于占主导地位的粗粒子沙尘掩盖了细颗粒物的作用，导致该地区的气溶胶光学厚度偏低。与世界人口密度（图 2-6（a））相比，AOD 大的地区人口密度也大，说明人为源排放颗粒物是 AOD 的主要贡献者。

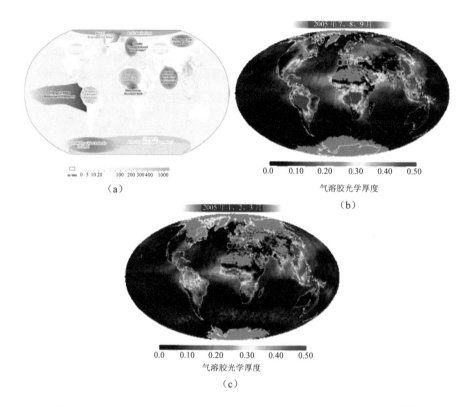

图 2-6　2005 年世界人口密度（a）和气溶胶光学厚度（b）和（c）[8,9]

　　中国和印度不仅都是世界上气态污染物排放量最多的国家之一，同时也都是颗粒物排放量最多的国家之一。矿物尘是最重要的天然气溶胶，它能够影响辐射强迫、生物地球化学循环和大气化学，从而在气候系统中扮演着重要的角色，而且会对地面空气质量造成很大的影响[4]。东亚是世界上主要的矿物尘排放地区之一，来自该地区的矿物尘气溶胶可能会影响北太平洋的生态循环和北美洲的空气质量。许多以实测为基础的矿物尘模型已经开发出来并用于对来自亚洲的矿物尘排放量的估计。不管是基于参数化还是基于物理机制，以实测数据校正后的矿物尘排放模型在一定程度上模拟矿物尘的排放过程。Tanaka 和 Chiba[10]使用一个矿物尘排放模型计算了亚洲矿物尘的平均排放量。他们发现来自东亚的矿物尘排放量和大气负荷量分别是 214 Tg/a 和 1.1 Tg/a，贡献了全球排放量和负荷量的 11%和 6%。

　　中国是污染物排放量最多的国家，贡献了亚洲各颗粒物总排放量中 PM_{10} 的 63%，$PM_{2.5}$ 的 60%，BC 的 62%和 OC 的 49%（图 2-2）。印度是仅次于中国的第二大污染物排放国家，贡献了亚洲各污染物总排放量中 PM_{10} 的 14%，$PM_{2.5}$ 的 14%，BC 的 12%和 OC 的 14%（图 2-2）。PM_{10}、$PM_{2.5}$、BC、OC 在中国和印度两个国家的排放量之和分别是整个亚洲排放总量的 77%、74%、74%和 63%。具体的排放分布如图 2-7 所示，在排放强度上 OC 远远高于 BC，即便在以民用煤和生物燃料燃烧为主的中国偏远地区两者仍然有广泛的排放。与 2000 年相比，中国污染物排放量对亚洲的贡献比例是增加的，反映出中国比其他亚洲国家更快的经济发展和工业化的速度。

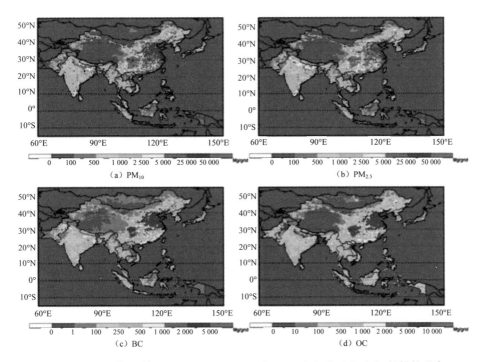

图 2-7　2006 年亚洲 PM_{10}（a）、$PM_{2.5}$（b）、BC（c）和 OC（d）的排放分布
[单位：Mg/（a·网格）][7]

2.2 陆源大气污染物的传输

虽然局地排放源是造成空气质量恶化的主要原因，但是长距离传输事件也会贡献较高的污染物浓度。因此，很有必要从全球尺度上看待空气污染和考虑对不同地区产生影响的长距离传输的路径和机制。研究表明，即使颗粒物或臭氧浓度在现行控制水平以下，它们的暴露与过早死亡率的增长率仍然存在着明显的正相关[11]。对于颗粒物来说，这意味着不论局地背景浓度的大小，只要暴露有任何的增加，如陆源气溶胶跨过海洋的长距离传输导致的暴露增加，都会造成过早死亡率的增加[12]。虽然各个国家致力于通过制定更严厉的法规来改善空气质量和降低暴露水平，但是与此同时，长距离传输却使空气质量达标变得更加困难[13]。比如，Li 等人[14]的模型模拟结果表明，欧洲 2007 年夏季有 20%臭氧超标事件是由北美的人为排放造成的。

污染物能否有效地从源区传输到下风向受体点取决于以下几个因素[15]：初始排放总量、污染物在转化和去除前的寿命、传输中二次生成的贡献、传输路径和传输效率。低空污染物传输可以通过边界层的混合或风的水平对流进行，但是这些过程通常发生在几天到几个星期里，因此，寿命比这个时间短的物种无法有效传输。颗粒物、O_3 与 CO 相比，寿命更短，可溶性更强，这表明颗粒物、O_3 与 CO 有着不同的传输路径[16]。虽然 O_3 和颗粒物在边界层中的寿命只有几个小时到几天，但是。如果它们上升到更冷的自由对流层，它们的寿命就能得以延长。此外，风速随着高度的升高而增加，这样 O_3 和颗粒物可以传输得更快。为了更有效地传输，污染物首先必须从边界层抬升，通过强烈对流、温暖输送带、湍流混合或者地形抬升进入上层对流层。一些研究提出大量颗粒物在源附近抬升中被去除的同时，还有颗粒物通过气粒转化生成[17]。考虑到污染物在自由对流层能更有效传输，许多长距离传输都在高山站点被观测到，如 Bachelor 山的观测[18]或者 Pico 山的 PICO-NARE 站点观测[19]。在这些站点测得的洁净背景大气也有利于识别传输气团。虽然自由对流层的传输更有效，但如果气团一直抬升，它们可能影响云或降水、自由对流层化学或上层大气能见度，而不会对低空的地面站点产生影响。污染物还能在山区循环的带动下下降或随副热带高压下沉，造成地面空气质量的恶化。污染物在下降过程的效率将最终决定空气质量恶化的程度或对背景浓度的贡献程度。但是，通过观测识别长距离传输对地面的影响是很复杂的，因为，还有来自局地的影响以及下降时气团的稀释作用[16]。

事实上，长距离传输经常发生在观测受限的大洋盆地或偏远陆地，导致长距离传输的识别更加复杂。因此，评估长距离传输的影响依赖于对在受体点[e.g.,20]或源和受体之间的岛屿站点[e.g.,21]上观测结果的解释，在这些基于陆地、沿海、高山和岛屿的地面观测站点对传输的过程还知之甚少。飞机可以跟踪气团并对相同气团多次采样，所以，飞机航测可以得到关于污染物垂直分布和气团中具体过程的有用信息，但像地面观测一样，飞机航测也面临着空间或时间受限的问题[22]。虽然卫星观测提供了连续覆盖全球的可能性，但是由于低的垂直分辨率，卫星主要用于追踪气团的空间变化。仅仅观测总柱浓度的空间分布提供的是污染物传输时不完整的垂直分布。归根结底，没有垂直分布，就更难以将卫星观测结果转为地面浓度以及确定对下风向站点空气质量的影响[23]。虽然通过观测可以识别长距离传输事件，但还是难以精确归结地面污染物的来源，特别是污染物有很高的背景浓度和很大的局地排放的时候，或者输入的气团已经被重度稀释或经历了化学转化的时候。

最近几十年，亚洲国家的快速工业化已经导致 NO_x、SO_2 和 CO 等各种空气污染物排放量的急剧增加。从 20 世纪 70 年代中期到 21 世纪初，整个亚洲 NO_x 和 SO_2 的排放量以每年 4%的平均速率在增加。在未来几十年里，假定亚洲经济仍然持续高速增长，那么人为排放量的进一步增加是不可避免的。此外，作为重要的天然污染物的矿物尘，几乎每年都从亚洲干旱地区进入到大气，通过卫星可以拍摄到它们的长距离传输过程。不断增加的人为排放和不曾间断的沙尘排放不仅降低了亚洲的空气质量，而且一直影响着污染物在太平洋的沉降以及包括亚洲其他国家、太平洋上各类岛屿和从太平洋到北美洲在内的下风向地区的空气质量。

已经有不少研究表明[e.g.,24]，来自亚洲的包括对流层光化学反应生成的二次污染物在内的气态和颗粒态污染物可能会影响下风向地区的空气质量和气候变化。如果气态和颗粒态污染物在太平洋沉降，它们就有可能影响海洋生态系统。包括矿物尘在内的各类污染物可以从亚洲跨过太平洋传输到北美洲，从而对当地的空气质量产生很严重的后果。在更长的时间尺度内，污染物可以传输到更远的距离，从而通过改变大气组成、云凝结核等物理过程和非均相反应等化学过程影响区域和全球气候。既然一些长寿命的重要污染物足以在对流层传输到很远距离，假如未考虑到亚洲污染物长距离传输的影响，那么在其下风向的国家所采取的针对空气污染的区域性控制政策可能是徒劳的。因此，亚洲光化学氧化剂和气溶胶的跨大陆传输对空气质量和气候来说是一个非常重要的问题[4]。

在过去的二十年里，各种各样的观测和模型研究已经证明来源于亚洲的气体、矿物尘和其他气溶胶的大陆间化学传输，这其中包括了大气光化学反应生成的二次污染物。更早的研究已经证明了沙尘的长距离传输[25]。最近，美国各类机构和其他国家发起了一些国际研究项目，这些项目已经系统地研究了亚洲污染物的大陆间传输及其对下风向地区空气质量可能造成的影响（图2-9）。与之特别相关的是这些由国际地球大气化学计划（International Global Atmospheric Chemistry Project，IGAC）发起的观测，即大陆间传输和化学转化（Intercontinental Transport and Chemical Transformation，ITCT）。

这些在ITCT下开展的野外观测包括：太平洋探索任务—西太平洋（the Pacific Exploratory Mission-Western Pacific，PEM-West），气溶胶特性实验—亚洲（the Asian Aerosol Characterization Experiments，ACE-Asia），太平洋区域内的传输和化学演变（the Transport And Chemical Evolution over the Pacific，TRACE-P）和亚洲大陆排放作用于太平洋的探索（the Pacific Exploration of Asian Continental Emission，PEACE）。除此之外，还有许多的在其他框架下开展的国际观测项目（图2-8）。这些观测关注的是亚洲人为排放对下风向地区臭氧和气溶胶浓度的作用，主要是通过外场加强观测和数值模型模拟来比较沿亚洲和北美洲的太平洋海岸大气中的污染物组成。数值模型研究已经检验了来自亚洲的臭氧、含硫化合物、含氮化合物、沙尘、黑碳和持久性有机污染物（Persistent Organic Pollutants，POPs）等污染物跨大陆的传输，主要关注的是它们的排放量估测、传输路径及对下风向地区空气质量的影响等几类主题[e.g.,24,26]。

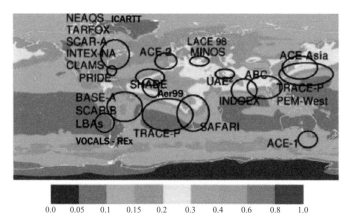

图 2-8　国际上已开展的众多跨学科观测项目[27]

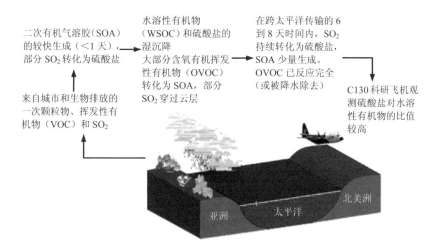

图 2-9　亚洲污染物长距离传输到北美大陆的过程中硫酸盐和二次有机气溶胶的
形成、转化、去除和影响[32]

冬季时，风从大陆吹向海洋；夏季时，风从海洋吹向大陆，这种在一年内
随着季节不同，有规律转变风向的风，称为季风[28]。东亚地区位于地球最大陆
地的东岸，西面以青藏高原为界，西北面是欧洲大陆板块，南面和东面是广阔

的太平洋，海陆之间的热力差异和高原的热力、动力作用使得东亚地区成为全球最具季风气候特征的地区之一[29]。其季风特征主要表现为存在两支主要的季风环流，冬季风的主要特征表现为沿西伯利亚高压东侧和东亚沿岸是强烈的西北风，而在中国南海是东北风盛行[30,31]（冬季 30°N 以北为西北季风，30°N 以南为东北季风）和夏季西南季风。一般来说，11 月至翌年 3 月为冬季风时期，6—9 月为夏季风时期，4—5 月和 10 月为夏、冬季风转换的过渡时期。作为每年规律发生的事件，东亚季风在时间和空间上并非一成不变，导致中国和东南亚国家不同年份的降水量相差极大，由此引起的旱灾或水灾显著影响着这一占世界人口约 1/4 的地区的社会和经济[29]。除此之外，大气污染物在冬季风的作用下由陆地传输至中国东南沿海，以至太平洋，甚至跨过太平洋至美洲大陆，严重影响着这些下风向地区的空气质量[32]。亚洲 O_3 对欧洲的贡献量最高值出现在亚洲夏季风期间，原因除了大气对流加强和由频繁的闪电增加的 NO_x 之外，还包括了夏季风的直接传输作用[33]。因此，从另一方面来看，东亚冬季风为研究大气污染物的源区和传输提供了理想条件[34]。

　　东亚污染物传输的季节变化很大程度上与季风有关。东亚冬季风期间向东南移动的冷锋在锋前通过锋面抬升污染物至自由对流层传输，在锋后污染物则是在边界层内传输，从而驱动大陆污染物输出至西太平洋；夏季风期间污染物跟随季风向东北方向传输，并且很容易由强对流的作用进入自由对流层[35]。气团由对流层传输进入平流层的现象主要发生在热带地区，这与 Brewer-Dobson 环流的上升支有关，最近的研究证实这种传输也可以通过亚洲季风的作用实现[36,37]。之前已经观测到平流层气溶胶的背景浓度在近几年有所增加[38]，卫星观测和模型模拟结果都已表明大气污染物可以随季风环流输送至低层平流层[37,39]，由此而增加的 BC、OC、SO_2、NO_x 以及一些短寿命的卤素化合物可能会影响平流层的臭氧化学、气溶胶行为和相关的辐射平衡[39]。

　　气溶胶特别是黑碳的热效应也会反过来影响季风，这种影响不仅可以由本地的热效应产生，也可以由相距遥远的另一地区的黑碳热效应产生，模型结果表明这两种热效应导致的大气环流变化对印度夏季风期间降水量的影响同等重要[40]。在印度洋海域的研究已经较为清晰地揭示了在季风时期气溶胶由印度或南亚至该海域的传输或对该海域辐射效应的作用[34,41]。而在东亚季风时期由大陆传输来的污染物对中国东部沿海大气的影响却知之甚少。

尽管以往的研究对亚洲污染物传输相关的科学问题有了一定的了解，但是仍有很多问题有待解决[4]。主要问题包括：对亚洲各国大气污染物的准确观测和排放量的可靠估测；对大气污染物传输的路径、转化及其与云的相互作用更清楚的认识；对大陆间大气污染物传输的长期观测和分析；亚洲污染物对太平洋的海洋生态系统及北美洲空气质量和气候的影响。尤其是伴随着中国和印度能源消耗和运输基础设施建设的不断增加，可以预计污染物排放量也将在未来随之增加，但由此带来的污染物长距离传输过程导致的影响仍然具有相当大的不确定性。

2.3　陆源大气污染背景下的沿海气溶胶

沿海是陆地与海洋相互作用最为强烈的地带，沿海气溶胶受到陆地污染大气或海洋洁净大气的显著影响。气溶胶对气候和空气质量的影响大多是区域性的，但是一旦气溶胶跨大陆传输，那么它所造成的影响就是全球性的。在过去的十年，从沿海到远海，对这些人为与天然源有着错综复杂相互作用的区域性气溶胶理化性质的理解，已经有了长足的发展。此外在线观测技术在时间和粒径分辨率上的进步将在未来有力地促进对气溶胶理化性质的研究。

为了能够充分说明沿海气溶胶的基本特性，有必要首先对洁净海洋、污染海洋、偏远陆地和污染陆地等大气环境下气溶胶的化学组成、数浓度及其粒径分布等作一比较。

图 2-10 比较了目前研究中气溶胶化学组分的相对比例，其中以黑色框标示的是最大限度排除陆源污染后的海洋洁净气溶胶。为了在 VOCALS 研究计划中分离出只来源于海洋的气溶胶（图 2-10），Shank 等人[42]建立了 $CO < 56 \times 10^{-9}$ 和 $BC < 1.8 \ \text{ng/m}^3$ 的洁净海洋大气标准，在该标准下，东南太平洋边界层大气中有机物只占非难熔亚微米气溶胶总质量的 6%，而硫酸盐则高达 87%。有机物的这一结果比热带、亚热带太平洋的研究结果低一半以上，更是远远低于北

大西洋高纬度海域和浮游植物爆发时的结果（图 2-10）。在北大西洋有机物可以占到非难熔亚微米气溶胶总质量的 25%～40%，有时甚至高达 77%。总的来说，在洁净海洋边界层大气条件下，太平洋和南大西洋气溶胶以硫酸盐为主，北大西洋以有机物为主；在污染海洋边界层大气条件下，太平洋以硫酸盐为主，北大西洋以有机物为主。有机物与硫酸盐的比值同样符合以往研究发现的热带、亚热带贫瘠地区该比值低于高纬度营养丰富地区这一规律。

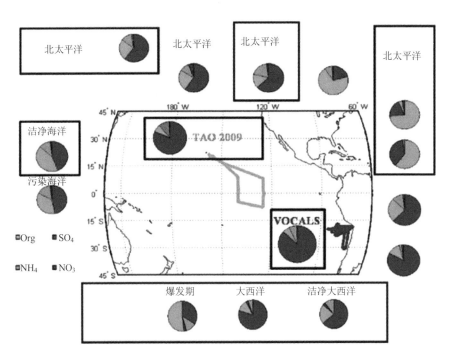

图 2-10　不同海域非难熔亚微米气溶胶（PM$_1$）化学组分的相对比例[42]

　　根据中和程度的不同，气溶胶中的 SO_4^{2-} 通常与来源于陆地或海洋的 NH_4^+ 形成 $(NH_4)_2SO_4$ 和 NH_4HSO_4。如图 2-11 所示，远海的 SO_4^{2-} ：NH_4^+ 摩尔比值接近 1：2 的 $(NH_4)_2SO_4$ 全中和理论限值。当接近海岸时由于污染物的排放，该比值会超过 1：1，SO_4^{2-} 和 NH_4^+ 以 NH_4HSO_4 的形式存在。

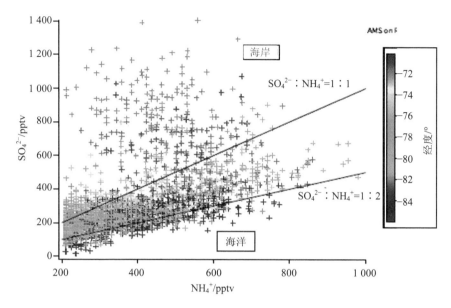

图 2-11　海洋气溶胶 $SO_4^{2-} - NH_4^+$ 的变化关系，并以经度大小着色[43]

图 2-12 中全球 26 个城市、城市下风向站点和偏远地区的野外研究中有一半站点在沿海。相比洁净或污染海洋气溶胶，陆地气溶胶绝对浓度变化范围较大。与海洋气溶胶不同，在大部分站点的观测都表明有机气溶胶（Organic Aerosol, OA）是陆地气溶胶的主要组成部分，占 18%～70%，平均为 45%；SO_4^{2-} 占 10%～67%，平均为 32%；NO_3^- 占 1.2%～28%，平均为 10%；NH_4^+ 占 6.9%～19%，平均为 13%；Cl^- 占的比例小于 4.8%，平均为 0.6%。

过去对来自海洋洁净大气的气溶胶的许多研究大多集中于海盐和非海盐硫酸盐，一些野外实验表明已知的过程产生的无机物种并不能解释全部的亚微米气溶胶质量。实验研究指出在这类来自海洋的气溶胶中有机物有着相当大的贡献。因此，最近的工作集中于对气溶胶中有机物重要性的研究上。

O'Dowd 等人[45]特别关注来自大西洋的有机物在浮游生物爆发和非爆发期对不同粒径气溶胶的贡献。大西洋生物活性低（Low Biological Activity，LBA）的时期在冬天，而生物活性高（High Biological Activity，HBA）的时期则可以从春天持续到秋天。在 LBA 和 HBA 两个时期气溶胶质量和化学组分相对比例的分布如图 2-13 所示。无机盐、总有机碳（Total Organic Carbon，TOC）、水溶性有机碳（Water-Soluble Organic Carbon，WSOC）和水不溶性有机碳（Water-Insoluble Organic Carbon，WIOC）的相对浓度在这两个时期具有明显差别，特别是在爱根核模（0.06～0.125 μm）和积聚模（0.125～0.5 μm）粒径范围内的化学组成。有机物相对比例随粒径而变化，大部分有机物在 0.06～1 μm 的粒径范围内，根据 Mace Head 不同季节生物生产力的不同，来自大西洋东北海域的气溶胶中有机物的比例在 15%～63%。

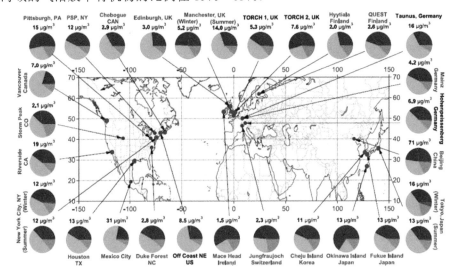

图 2-12　全球 26 个站点 PM₁ 质量浓度及其化学组成

注：OA（绿色）、SO_4^{2-}（红色）、NO_3^-（蓝色）、NH_4^+（橙色）、Cl^-（紫色）。这些站点可分为三类：城市（蓝色）、距城市<160 km 的下风向地区（黑色）、距城市大于 160 km 下风向的偏远地区（粉色）[44]。

在 Phinney 等人[46]的研究中，有机物比例在 0.06～0.125 μm 范围内最大，为 28%，然后随着粒径增加而减少，在 0.125～1 μm 粒径范围内该比例从 25% 减少到 7%。受限于气溶胶质谱仪的传输效率，1 μm 以上没有数据。来自太平洋东北海域的亚微米气溶胶中的硫酸盐比例在 10%～50%，高于大西洋东北海域 LBA 和 HBA 两个时期硫酸盐的比例；海盐则与大西洋东北海域 HBA 时期的比例相当，为 3%～20%。

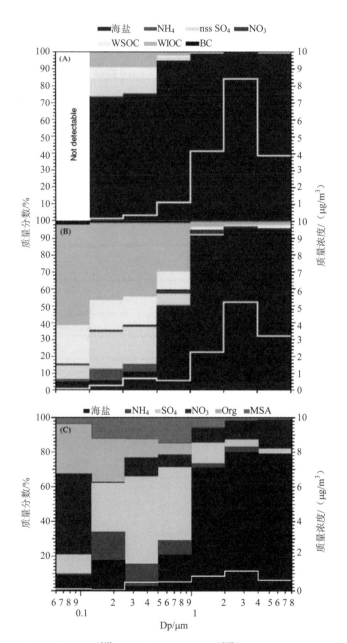

注：（A）和（B）：大西洋东北海域[45]；（C）：太平洋东北海域[46]。

图 2-13　海洋气溶胶化学组成的粒径分布

Bretherton[48]和 Huneeus[49]等人对遥感观测云滴半径的分析表明,秘鲁和智利沿岸的大污染源,特别是炼铜炉,将在西南太平洋边界层大气颗粒物背景浓度的基础上大大提高该地区的颗粒物浓度,形成颗粒物浓度和云滴半径的经度梯度,造成对该地区颗粒物浓度、云性质和云反射率的影响。

不同区域、不同时间的颗粒物背景浓度存在差异而且是变化的,无法简单定义洁净海洋大气中的颗粒物浓度。然而,以往研究发现,洁净海洋边界层大气的颗粒物数浓度在 $300\sim500/cm^3$ 之间是合理的上限(图 2-14),当受到污染时颗粒物数浓度则在大于 $400/cm^3$ 到大于 $1\,500/cm^3$ 的范围。船走航观测受到航道和采样时间的限制,因此很难通过实时观测大陆输出以研究其对区域的影响。

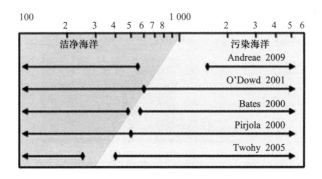

图 2-14   洁净和污染海洋大气的颗粒物数浓度范围[47]

远海过饱和度为 0.4%时 CCN 浓度在生物生产力强的季节时通常近似或略大于 $100/cm^3$,在冬季时降得更低,AOD(波长为 500nm)为 0.057 ± 0.023,同样在冬季更低。而边远陆地 CCN 则近似为远海的两倍,AOD 为 0.075 ± 0.025。造成远海和边远陆地这种差别的部分或可能全部的原因是边远陆地站点比远海站点更接近于污染源。这说明在人为污染产生以前,远海和边远大陆的差别是很小的。

污染的海洋和陆地大气的 CCN 浓度分别比其对应的远海和边远陆地高了近一个数量级,AOD 则高出 5 倍。研究表明 CCN 平均浓度和相应的 AOD 具有显著的相关性[图 2-15(b)],并可以以幂指数的形式表示。对 CCN 浓度进行参数化在模型研究中非常有用，它提供了用一个易于观测的变量来代替不易直接观测的 CCN 浓度。同时暗示着，至少在大尺度上气溶胶对云，进而对气候和降水的辐射和微物理效应是相关的，而非完全独立的。

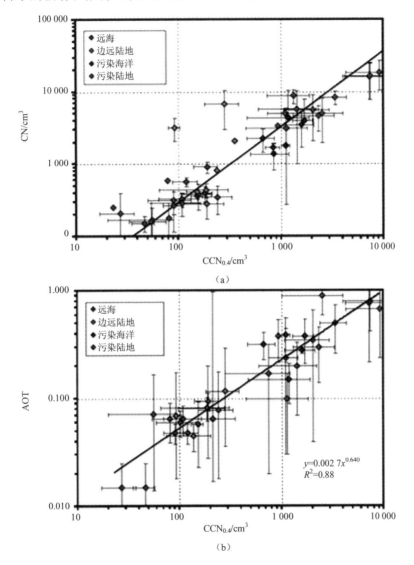

图 2-15　陆地和海洋 CCN 和数浓度 CN（a）、气溶胶光学厚度 AOT（b）的关系[50]

图 2-15（a）是 $CCN_{0.4}$ 和颗粒物数浓度（CN）的关系图。这些数据是由不同区域的不同仪器观测获得的，显示了非常好的相关性。这种关系反映出吸湿性参数相对狭窄的变化范围和许多非城市地区气溶胶粒径分布典型的趋同特性。

2.4 陆源大气污染物对海洋环境的影响

人类活动向大气中排放的大量污染物不可避免地影响到与人类息息相关的空气，造成了当今普遍存在的空气污染问题。在没有人为源污染物的排放之前，空气污染只是由森林大火或火山喷发造成的偶发事件；在工业化以后，人类从大自然开采大量的煤炭、石油等不可再生资源用以生产、生活的消费，资源消耗后产生的废弃物又被大量地排放到土壤、水体和大气环境中，人类的土壤、水、空气污染问题由此而生。一次排放以及二次转化生成的污染物在区域尺度甚至全球尺度上传输或循环，必然造成不可估量的环境污染问题和全球气候问题。由于海洋面积广袤，这些污染物中有很大一部分会沉降到海洋里，影响海洋的生物地球化学循环。

海洋是人类历史上探索新大陆的唯一航道，时至今日它已是各个大陆不同国家间货物运输的繁忙通道，并继续为人类提供着丰富的资源。因此许多经济活跃、发展迅速的城市群基本集中于世界各国的沿海地区。沿海超大城市可以被视为当今人类对沿海系统造成压力的一个符号，因为它的发展正给环境带来越来越严重的后果。沿海超大城市满足以下三个条件：①海拔低于 100 m；②与海岸线的距离小于 100 km；③居住人口超过 1 000 万[1]。按照这些参数，在 2007 年全世界共有 14 个沿海城市，其中大多数位于东亚和南亚的发展中国家，尤其以中国和印度居多（图 2-16）。

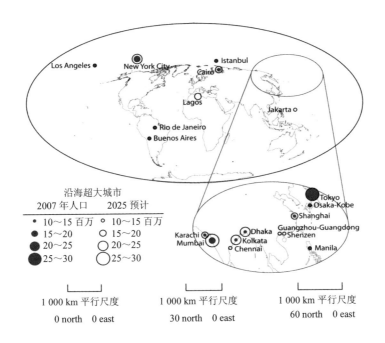

图 2-16　2007 年全球沿海超大城市[1]

　　如图 2-17 所示，这些沿海超大城市高速消耗着食物、用水、空间和能源，这些消耗与工业、农业、运输和发电等经济活动的高效运转息息相关。在许多沿海超大城市，空气和水的质量都在恶化，而这和全球变暖一样，都会对当地居民产生健康问题并引发经济、社会失调等其他问题。在发展中国家和发达国家产生的问题相差很大，表现为发展中国家大城市的人口增长率更高，某些有害物质直接排放到空气和水中，以及食物短缺、饮用水短缺、公共卫生和保健支持等很多方面。虽然有预测估计在大多数沿海超大城市人口和经济会减速，但是由于未来的气候变化和消耗方式走向的不确定性，它们给环境带来的影响仍然不清晰。

　　这些沿海超大城市以及内陆排放的各类污染物的量之巨大在 2.1.1 和 2.1.2 节中已经可见一斑，这些污染物在区域尺度甚至全球尺度上传输和循环，造成了不可估量的环境效应，这种效应首先表现在人们对空气污染问题的关注上。

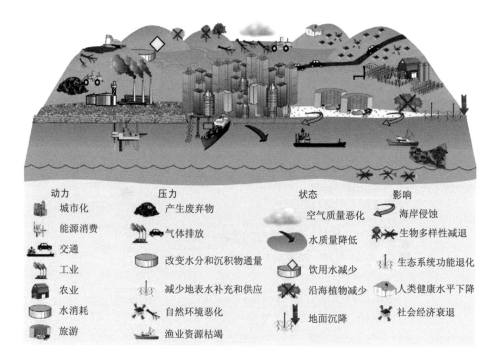

图 2-17　沿海超大城市存在的动力、压力、状态和影响[1]

　　海洋占地球表面积的 70.8%，是 C、N、S、P、Fe、Si 及其他生物活性元素、化学物质的全球生物地球化学循环的重要载体。这些营养物通过河流输入或大气沉降等过程进入表层海水中，与此同时海洋微生物产生并向大气释放 CO_2、N_2O、CH_4、DMS 等气体。这构成了海洋的生物地球化学循环过程。工业化以前，大气中颗粒物和气态污染物的主要来源是自然过程如火山的喷发物，沙漠的沙尘，以及植被排放 VOCs 及其转化生成的二次颗粒物；工业化以煤炭为主要能源以后，由人类活动排放的一次颗粒、气态污染物以及由此转化生成的二次颗粒物也进入到大气中，并给大气造成巨大压力，引发严重的大气污染问题，而在这些大气污染物沉降到海洋中后，河流就不再只是海洋营养物的唯一外来源[51]。大气颗粒物沉降对海洋生态系统和生物地球化学循环的影响，首先是富营养化和海水酸化对浮游植物的影响，以及浮游植物的反馈，进而对海洋动物的影响（珊瑚礁）。而在海洋生物活动强烈时，大气中有机物的比例又会显著增加[45]。

整个环境中 NO_x 和 NH_y 等含氮污染物浓度随着人口数量和工业活动的快速发展而增加。然而，由人为活动产生的氮（anthropogenic nitrogen，air-N^{ANTH}）沉降在湖泊和海洋的变化尚未得到充分的探索。研究表明 air-N^{ANTH} 的沉降会对海洋和湖泊具有实质性的影响。比如，Elser 等人[52]发现随着 air-N^{ANTH} 沉降增多，在挪威、瑞典和美国湖泊中 N 和 P 的比值也已经增大，营养物受限也因此从 N 转变为 P。这种转变可以改变微生物种群的组成，从长远来看则会改变生态系统结构。模型研究表明 air-N^{ANTH} 的沉降也会改变位于人口密集的东亚、欧洲和北美东部地区下游的海岸带和边缘海的化学[53,54]。在这些地区，由城市、农业和工业的扩张贡献的 air-N^{ANTH} 而产生的沉降是相当大的。然而还没有明确的观测证据能将 air-N^{ANTH} 的沉降变化与海洋营养物生物地球化学的变化联系起来。

Kim 等人[55]研究了西北太平洋边缘海水中 N 对 P 的相对丰度（N^*）随时间变化的趋势。该海域位于人口密集和工业发达的亚洲大陆下游，包括中国东海、韩国沿海、日本海和日本的太平洋沿岸。Kim 等将研究海域分成 46 个盒形区域（2°×2.5°），结果发现有 24 个盒子即约 52%的区域 N 和 N^* 都随时间而增加，这些区域大部分位于中国东海、韩国沿海和日本海[如图 2-18（a）中红色和黄色所示]。有 21 个盒子即约 46%区域的海水中 N 和 N^* 也都随时间而增加，只是增加速率在统计学上不显著，这些区域主要位于日本的太平洋沿岸[如图 2-18（a）中浅黄色所示]。只有 1 个盒形区域 N^* 随时间而减少，这主要归因于 P 的增加。自 1980 年到现在的这段时期该研究海域 N^* 一直在增加[如图 2-18（b）所示]。N^* 增加的海域基本上位于东亚大陆人口稠密地区的下风向，表明造成这种趋势的潜在原因是 air-N^{ANTH} 的沉降。根据文献报道[54,56]，在过去的 140 年里该海域 air-N^{ANTH} 的沉降已经增长了 10 倍，大大超过 3.5 倍的全球平均增长水平。在更近的一段时期里，东亚排放的 NO_x 在 1975—1987 年间增加了 65%，并在接下来的 15 年里增加了 230%[57]。因此，在该海域内氮有效性的增加主要是由不断升高的氮浓度驱动的，最有可能是来自大气污染物中氮的沉降。大气氮沉降与该海域的氮有效性在时间上具有高度的相关性（$r = 0.74 \sim 0.88$），只有在特定海域河流氮负荷才可能有同等的重要性。由大气沉降和河流输入导致的氮有效性的增加已经将大部分的研究海域从 N 受限转变为 P 受限。

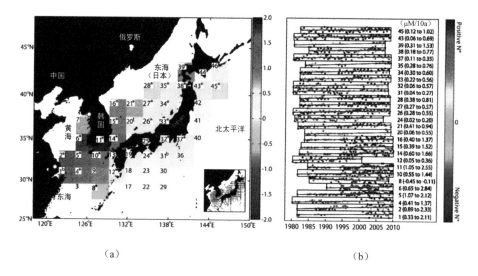

（a）   （b）

图 2-18　（a）研究海域表面海水 N*的变化率（μM/10a）；

（b）46 个盒形区域标准化 N*随时间的变化趋势[55]

　　为了研究大气中 Cu 在全球海洋沉降的意义，Paytan 等人[3]利用现有的观测和一个三维大气示踪物传输模型估计了工业化前和现代气溶胶中 Cu 的沉降场[图 2-19（a）]。沉降的 Cu 大部分来自沙尘，约占 65%，而只有约 30% 来自人为源。因为人为源的 Cu 大都是由燃烧排放，特别是工业过程中的排放，因此相对于工业化前来说，现代 Cu 在远离沙漠地区的海洋中的沉降估计会剧增[图 2-19（b）]。在工业化前的条件下，表现出 Cu 潜在毒性效应的区域集中在北半球自然沙尘源的下风向，即大西洋、地中海和印度洋等叶绿素浓度低的亚热带海域[图 2-19（c）]。人为排放量的增加将 Cu 潜在毒性区域扩大至孟加拉湾以及亚洲工业化地区下风向的西太平洋的一小片区域[图 2-19（d）]。

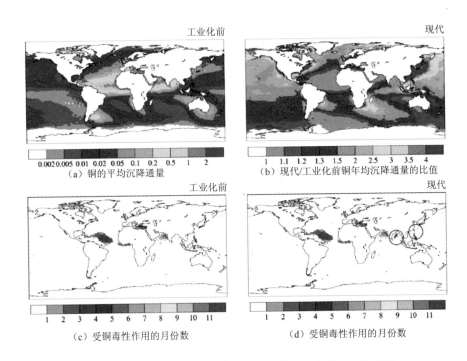

图 2-19　Cu 沉降的全球分布及其对浮游生物的潜在毒性影响

注：（a）工业化前气溶胶中 Cu 每年在全球海洋的沉降场；（b）现代/工业化前每年 Cu 沉降的比值；在工业化前（c）和现代（d），超过 Cu/叶绿素比值毒性界限的海域每年受 Cu 潜在毒性作用的月份数，红圈标示出了相较于工业化前在现代海洋中毒性增加的区域[3]。

2.5　小结

　　由于不断增长的人口以及快速发展的工业化和城市化，中国和印度不仅是世界上气态污染物排放量最多的国家之一，同时也是颗粒物排放量最多的国家之一。而中国东临太平洋，印度南临印度洋，在亚洲季风气候的作用下，这两个国家大量排放的大气污染物经过长距离传输，影响着下风向海域的物质循环。这种影响突出体现在沿海，这是因为沿海是陆地与海洋相互作用最为强烈的地带，沿海大气受到陆地污染大气或海洋洁净大气的显著影响。经济活跃、发展迅速的城市群基本集中于世界各国沿海地区。沿海超大城市成为当今人类对沿海系统造成压力的焦点。虽然未来大多数沿海超大城市的人口和经济会减速，但是其气候变化和消耗方式走向的不确定性，它们给环境带来的影响仍然不清晰。这正是本研究尝试要回答的问题。

参考文献

[1] Sekovski I，Newton A，Dennison WC. Megacities in the coastal zone：Using a driver-pressure-state-impact-response framework to address complex environmental problems[J]. Estuarine Coastal and Shelf Science，2012，96：48-59.

[2] Lawrence MG，Lelieveld J. Atmospheric pollutant outflow from southern Asia：a review[J]. Atmospheric Chemistry and Physics，2010，10（22）：11017-11096.

[3] Paytan A，Mackey KRM，Chen Y，Lima ID，Doney SC，Mahowald N，et al. Toxicity of atmospheric aerosols on marine phytoplankton[J]. Proceedings of the National Academy of Sciences of the United States of America，2009，106（12）：4601-4605.

[4] Wuebbles DJ，Lei H，Lin JT. Intercontinental transport of aerosols and photochemical oxidants from Asia and its consequences[J]. Environmental Pollution，2007，150（1）：65-84.

[5] Fortems-Cheiney A，Chevallier F，Pison I，Bousquet P，Szopa S，Deeter MN，et al. Ten years of CO emissions as seen from Measurements of Pollution in the Troposphere（MOPITT）[J]. Journal of Geophysical Research-Atmospheres，2011：116.

[6] Streets DG，Zhang Q，Wang L，He K，Hao J，Wu Y，et al. Revisiting China's CO emissions after the Transport and Chemical Evolution over the Pacific（TRACE-P）mission：Synthesis of inventories，atmospheric modeling，and observations[J]. Journal of Geophysical Research-Atmospheres，2006，111（D14）.

[7] Zhang Q，Streets DG，Carmichael GR，He KB，Huo H，Kannari A，et al. Asian emissions in 2006 for the NASA INTEX-B mission[J]. Atmospheric Chemistry and Physics，2009，9（14）：5131-5153.

[8] Lenton TM，Held H，Kriegler E，Hall JW，Lucht W，Rahmstorf S，et al. Tipping elements in the Earth's climate system[J]. Proceedings of the National Academy of Sciences of the

United States of America，2008，105（6）：1786-1793.

[9] Rosenfeld D. Atmosphere - Aerosols，clouds，and climate[J]. Science，2006，312（5778）：1323-1324.

[10] Tanaka TY，Chiba M. A numerical study of the contributions of dust source regions to the global dust budget[J]. Global and Planetary Change，2006，52（1-4）：88-104.

[11] Parrish D，Allen D，Bates T，Estes M，Fehsenfeld F，Feingold G，et al. Overview of the Second Texas Air Quality Study（TexAQS Ⅱ）and the Gulf of Mexico Atmospheric Composition and Climate Study（GoMACCS）[J]. Journal of Geophysical Research，2009，114（D7）：D00F13.

[12] Liu J，Mauzerall DL，Horowitz LW. Evaluating inter-continental transport of fine aerosols：（2）Global health impact[J]. Atmospheric Environment，2009，43（28）：4339-4347.

[13] Stohl A，Akimoto H. Intercontinental Transport of Air Pollution[M]. Springer Berlin，2004.

[14] Li Q，Jacob DJ，Bey I，Palmer PI，Duncan BN，Field BD，et al. Transatlantic transport of pollution and its effects on surface ozone in Europe and North America[J]. Journal of Geophysical Research，2002，107（D13）：4166.

[15] Ford B. The vertical distribution of pollutants during export and long range transport：A comparison of model simulations and A-Train observations[D]. United States -- Colorado：Colorado State University，2011.

[16] Heald CL，Jacob DJ，Park RJ，Alexander B，Fairlie TD，Yantosca RM，et al. Transpacific transport of Asian anthropogenic aerosols and its impact on surface air quality in the United States[J]. Journal of Geophysical Research，2006，111（D14）：D14310.

[17] Dunlea E，DeCarlo P，Aiken A，Kimmel J，Peltier R，Weber R，et al. Evolution of Asian aerosols during transpacific transport in INTEX-B[J]. Atmos Chem Phys，2009，9（19）：7257-7287.

[18] Reidmiller D，Jaffe D，Chand D，Strode S，Swartzendruber P，Wolfe G，et al. Interannual variability of long-range transport as seen at the Mt. Bachelor observatory[J]. Atmos Chem Phys，2009，9：557-572.

[19] Owen R，Cooper O，Stohl A，Honrath R. An analysis of the mechanisms of North American

pollutant transport to the central North Atlantic lower free troposphere[J]. Journal of Geophysical Research，2006，111（D23）：D23S58.

[20] Jaffe D，Anderson T，Covert D，Kotchenruther R，Trost B，Danielson J，et al. Transport of Asian air pollution to North America[J]. Geophysical Research Letters，1999，26（6）：711-714.

[21] Perry KD，Cahill TA，Schnell RC，Harris JM. Long-range transport of anthropogenic aerosols to the National Oceanic and Atmospheric Administration baseline station at Mauna Loa Observatory，Hawaii[J]. Journal of Geophysical Research，1999，104：18.

[22] Fuelberg H，Harrigan D，Sessions W. A meteorological overview of the ARCTAS 2008 mission[J]. Atmos Chem Phys，2010，10（2）：817-842.

[23] Van Donkelaar A，Martin RV，Brauer M，Kahn R，Levy R，Verduzco C，et al. Global estimates of ambient fine particulate matter concentrations from satellite-based aerosol optical depth：development and application[J]. Environmental Health Perspectives，2010，118（6）：847.

[24] Heald CL，Jacob DJ，Park RJ，Alexander B，Fairlie TD，Yantosca RM，et al. Transpacific transport of Asian anthropogenic aerosols and its impact on surface air quality in the United States[J]. Journal of Geophysical Research-Atmospheres，2006，111（D14）.

[25] Duce RA，Unni CK，Ray BJ，Prospero JM，Merrill JT. Long-Range Atmospheric Transport of Soil Dust from Asia to the Tropical North Pacific - Temporal Variability[J]. Science，1980，209（4464）：1522-1524.

[26] Hudman RC，Jacob DJ，Cooper OR，Evans MJ，Heald CL，Park RJ，et al. Ozone production in transpacific Asian pollution plumes and implications for ozone air quality in California[J]. Journal of Geophysical Research-Atmospheres，2004，109（D23）.

[27] Yu H，Kaufman YJ，Chin M，Feingold G，Remer LA，Anderson TL，et al. A review of measurement-based assessments of the aerosol direct radiative effect and forcing[J]. Atmospheric Chemistry and Physics，2006，6：613-666.

[28] 张家诚. 季风[M]：气象出版社，北京；1984，p.4.

[29] Lau KM，Li MT. The Monsoon of East-Asia and Its Global Associations - a Survey[J].

Bulletin of the American Meteorological Society，1984，65（2）：114-125.

[30] Wu BY，Wang J. Winter Arctic Oscillation，Siberian High and East Asian winter monsoon[J]. Geophysical Research Letters，2002，29（19）.

[31] Chen W，Graf HF，Huang RH. The interannual variability of East Asian winter monsoon and its relation to the summer monsoon[J]. Advances in Atmospheric Sciences，2000，17（1）：48-60.

[32] Peltier RE，Hecobian AH，Weber RJ，Stohl A，Atlas EL，Riemer DD，et al. Investigating the sources and atmospheric processing of fine particles from Asia and the Northwestern United States measured during INTEX B[J]. Atmospheric Chemistry and Physics，2008，8（6）：1835-1853.

[33] Auvray M，Bey I. Long-range transport to Europe：Seasonal variations and implications for the European ozone budget[J]. Journal of Geophysical Research-Atmospheres，2005，110（D11）.

[34] Krishnamurti TN，Jha B，Prospero J，Jayaraman A，Ramanathan V. Aerosol and pollutant transport and their impact on radiative forcing over the tropical Indian Ocean during the January-February 1996 pre-INDOEX cruise[J]. Tellus Series B-Chemical and Physical Meteorology，1998，50（5）：521-542.

[35] Liu HY，Jacob DJ，Bey I，Yantosca RM，Duncan BN，Sachse GW. Transport pathways for Asian pollution outflow over the Pacific：Interannual and seasonal variations[J]. Journal of Geophysical Research-Atmospheres，2003，108（D20）.

[36] Randel WJ，Jensen EJ. Physical processes in the tropical tropopause layer and their roles in a changing climate[J]. Nature Geoscience，2013，6（3）：169-176.

[37] Randel WJ，Park M，Emmons L，Kinnison D，Bernath P，Walker KA，et al. Asian Monsoon Transport of Pollution to the Stratosphere[J]. Science，2010，328（5978）：611-613.

[38] Hofmann D，Barnes J，O'Neill M，Trudeau M，Neely R. Increase in background stratospheric aerosol observed with lidar at Mauna Loa Observatory and Boulder，Colorado[J]. Geophysical Research Letters，2009，36.

[39] Park M，Randel WJ，Emmons LK，Livesey NJ. Transport pathways of carbon monoxide in

the Asian summer monsoon diagnosed from Model of Ozone and Related Tracers（MOZART）[J]. Journal of Geophysical Research-Atmospheres，2009，114.

[40] Chakraborty A，Nanjundiah RS，Srinivasan J. Local and remote impacts of direct aerosol forcing on Asian monsoon[J]. International Journal of Climatology, 2014, 34（6）: 2108-2121.

[41] Ramachandran S. Premonsoon shortwave aerosol radiative forcings over the Arabian Sea and tropical Indian Ocean: Yearly and monthly mean variabilities[J]. Journal of Geophysical Research-Atmospheres，2005，110（D7）.

[42] Shank LM，Howell S，Clarke AD，Freitag S，Brekhovskikh V，Kapustin V，et al. Organic matter and non-refractory aerosol over the remote Southeast Pacific: oceanic and combustion sources[J]. Atmospheric Chemistry and Physics，2012，12（1）: 557-576.

[43] Yang M，Huebert BJ，Blomquist BW，Howell SG，Shank LM，McNaughton CS，et al. Atmospheric sulfur cycling in the southeastern Pacific - longitudinal distribution，vertical profile，and diel variability observed during VOCALS-REx[J]. Atmospheric Chemistry and Physics，2011，11（10）: 5079-5097.

[44] Zhang Q，Jimenez JL，Canagaratna MR，Allan JD，Coe H，Ulbrich I，et al. Ubiquity and dominance of oxygenated species in organic aerosols in anthropogenically-influenced Northern Hemisphere midlatitudes[J]. Geophysical Research Letters，2007，34（13）.

[45] O'Dowd CD，Facchini MC，Cavalli F，Ceburnis D，Mircea M，Decesari S，et al. Biogenically driven organic contribution to marine aerosol[J]. Nature，2004，431（7009）: 676-680.

[46] Phinney L，Leaitch WR，Lohmann U，Boudries H，Worsnop DR，Jayne JT，et al. Characterization of the aerosol over the sub-arctic north east Pacific Ocean[J]. Deep-Sea Research Part Ii-Topical Studies in Oceanography，2006，53（20-22）: 2410-2433.

[47] Hawkins LN，Russell LM，Covert DS，Quinn PK，Bates TS. Carboxylic acids，sulfates，and organosulfates in processed continental organic aerosol over the southeast Pacific Ocean during VOCALS-REx 2008[J]. Journal of Geophysical Research-Atmospheres，2010，115.

[48] Bretherton CS，Uttal T，Fairall CW，Yuter SE，Weller RA，Baumgardner D，et al. The EPIC 2001 stratocumulus study[J]. Bulletin of the American Meteorological Society, 2004, 85（7）: 967.

[49] Huneeus N，Gallardo L，Rutllant JA. Offshore transport episodes of anthropogenic sulfur in northern Chile：Potential impact on the stratocumulus cloud deck[J]. Geophysical Research Letters，2006，33（19）.

[50] Andreae MO. Correlation between cloud condensation nuclei concentration and aerosol optical thickness in remote and polluted regions[J]. Atmospheric Chemistry and Physics，2009，9（2）：543-556.

[51] Andreae MO. Aerosols before pollution[J]. Science，2007，315（5808）：50-51.

[52] Elser JJ，Andersen T，Baron JS，Bergstrom AK，Jansson M，Kyle M，et al. Shifts in Lake N：P Stoichiometry and Nutrient Limitation Driven by Atmospheric Nitrogen Deposition[J]. Science，2009，326（5954）：835-837.

[53] Doney SC，Mahowald N，Lima I，Feely RA，Mackenzie FT，Lamarque JF，et al. Impact of anthropogenic atmospheric nitrogen and sulfur deposition on ocean acidification and the inorganic carbon system[J]. Proceedings of the National Academy of Sciences of the United States of America，2007，104（37）：14580-14585.

[54] Duce RA，LaRoche J，Altieri K，Arrigo KR，Baker AR，Capone DG，et al. Impacts of atmospheric anthropogenic nitrogen on the open ocean[J]. Science，2008，320（5878）：893-897.

[55] Kim，Kim TW，Lee K，Najjar RG，Jeong HD，Jeong HJ. Increasing N Abundance in the Northwestern Pacific Ocean Due to Atmospheric Nitrogen Deposition[J]. Science，2011，334（6055）：505-509.

[56] Galloway JN，Dentener FJ，Capone DG，Boyer EW，Howarth RW，Seitzinger SP，et al. Nitrogen cycles：past，present，and future[J]. Biogeochemistry，2004，70（2）：153-226.

[57] Ohara T，Akimoto H，Kurokawa J，Horii N，Yamaji K，Yan X，et al. An Asian emission inventory of anthropogenic emission sources for the period 1980-2020[J]. Atmospheric Chemistry and Physics，2007，7（16）：4419-4444.

3

海洋大气颗粒物理化特性及其测定方法

正如 1.1 节所述，海洋大气颗粒物的来源复杂，既有海洋自身产生的海洋气溶胶，也有来自陆地输送的陆源气溶胶；化学组成亦复杂，既包括直接排放的一次颗粒物，比如海洋表面波浪与风力相互作用产生的海盐气溶胶，也包括气粒转化生成的二次颗粒物，比如二甲基硫转化生成的非海盐硫酸盐。这些气态前体物有的来自海洋如海气界面交换和船舶排放，有的来自陆地。因此，海洋大气颗粒物反映出陆地与海洋、海洋与大气、一次和二次颗粒物以及天然源与人为源之间的相互作用，影响区域空气质量和气候变化。因此，对海洋大气气溶胶物理和化学特性的研究，有助于理解大气污染物跨海输送，以及陆源污染物对海洋生态系统的影响。

对海洋大气颗粒物理化特性的测定通常在沿海地面站或是通过科学考察船走航进行观测。针对大气颗粒物进行物理和化学特性测定的仪器不计其数，而且各种各样的先进仪器还在推陈出新。测定更为详尽的高时间分辨率、高粒径分辨率和高化学组分分辨率的信息，可以追踪海洋大气颗粒物的传输、二次转化过程和老化过程中特性的改变，及其对空气质量和 CCN 等气候因子的影响。本章重点介绍我们在我国东部沿海地区大气污染综合观测（CAPTAIN）加强观测期间，沿海地面站与走航科考船对大气颗粒物物理化学特性测定的主要仪器设备。

3.1　沿海地面站与走航科考船观测

对于沿海大气颗粒物的研究，地面站点观测和科考船走航观测是两种重要的观测手段。地面观测站点一般选择在大陆和海洋交界地区，远离人为源排放，并可以代表较大范围区域污染的地点进行测定。而航海观测需要根据研究目的制定走航路线。

观测仪器要运行，需要有一个平台来为它提供物理支持、电力供应、防水保护、过热保护和变形保护等，并能够保证不受干扰地对平台周边的大气进行采样[1]。观测平台涵括了从地面到太空的各类固定和移动的平台，主要有地面、船舶、气球、科研飞机、商用客机或货机、无人机、火箭、卫星等平台。最简单的平台就是地面上的一栋建筑或一个塔,前者只需将进样口伸到建筑物外面,后者则需要较长的采样管路。当前的趋势是在自带空调、标准长度为 6 m 的定制集装箱内配置仪器,集装箱既可以安置在塔下来架设采样管路,也可以直接往外伸出进样口,进样口最好距地面 10 m 以上。所选择的站点只需要有一定面积的平整地面并有电力供应即可。这种方式的优势在于可以大大节省架设和拆卸的时间,并且方便运输。如果将仪器直接配置在一辆车中,即成为地面移动监测车,可以实现移动过程中对大气组成进行原位测定,这就要求车辆的电力足以供应仪器、空调足以为仪器制冷、采样系统足以采集周围空气而不受尾气污染和仪器的快速响应足以在较高车速时仍然具有足够的空间分辨率。

船舶平台的好处在于即使耗电量大的重型仪器设备也可以放置,但可能会受限于实验室空间的大小。如果船有足够空间的甲板可以用于安放集装箱,那么就可以将较大型仪器放置其中。如果一次航程要持续很长时间,比如几个月,那么就可以进行长时间系列的测定,从而获得关键物种从极地到赤道的纬度梯度。进样口的位置非常重要,必须位于船舶前进方向的前甲板,即在船舶废气烟囱的前方,如此才能最大限度地保证进样口不受到烟囱排放废气的影响。

3.2　大气颗粒物理化特性的测定

CAPTAIN 观测期间大气颗粒物物理化学特性的测定参数、使用的仪器和测定方法见表 3-1。

表 3-1　海洋大气颗粒物理化特征测定参数和方法

测定参数	主要仪器	测定方法
颗粒物质量浓度	TEOM	微振荡天平
颗粒物化学组成	气溶胶质谱仪	质谱
颗粒物粒径分布	扫描电迁移颗粒物粒径谱仪、空气动力学粒径谱仪	差分电迁移、光学散射
颗粒物消光系数	黑碳仪、浊度计	光学法

3.2.1 颗粒物质量浓度

颗粒物质量浓度是大气颗粒物最基本的性质，对于质量浓度的测定可以分为在线和离线两类。针对沿海气溶胶质量浓度的测定，最需要关注的是湿度对测定的影响。常用大气颗粒物的在线测定技术包括微振荡天平法（TEOM）和β射线法，其中微振荡天平法是最普遍的方法之一，也是美国环保局推荐的标准方法。微振荡天平法是基于锥形元件振荡微量天平的原理进行测定的，其锥形元件在自然频率下的振荡频率由振荡器件的物理特性、滤膜质量和沉积在滤膜上的颗粒物质量决定。环境空气以恒定的流量通过采样滤膜并沉积在滤膜上，通过测定一定时间间隔前后两个振荡频率的差异即可计算出在这一段时间里收集在滤膜上颗粒物的质量，进而得到大气颗粒物的浓度。该方法可应用于大气颗粒物的连续、在线监测，灵敏度很高。但是该方法受湿度影响较大，因此一般采样过程会对滤膜进行加热以去除气流中的水分，标准方法中有两个温度选择，分别为35℃和50℃，温度太低，颗粒物上的水不能完全除掉，使得测定结果偏高，但是如果温度过高会导致颗粒物中半挥发性组分，如 NH_4NO_3 和 NH_4Cl 颗粒物、半挥发性有机物（Semi Volatile Organic Compounds，SVOCs）由于挥发而损失，使得测定结果偏低。在实际测定中应根据情况进行设置。

大气颗粒物质量浓度离线测定一般采用膜采样方法。由于大气颗粒物浓度低，直接测定往往误差较大，因此，需要一个载体将颗粒物收集，然后进行称重从而得到质量浓度，采样膜就是重要的载体之一。利用泵将颗粒物采集到采样膜上，然后利用分析天平称量采集前后膜的重量，获得颗粒物质量，再通过采样体积计算大气中的质量浓度。在选择膜的方面，由于特氟龙（Teflon）膜材质惰性，不易与颗粒物发生反应，而且对湿度变化不敏感，因此适合作为沿海地面站点和船走航研究中对颗粒物质量浓度的测定。在采样的前后，将 Teflon 膜置于恒温恒湿超净室（20℃±1℃，RH 40%±5%）内平衡 24 h，使得膜和膜上的颗粒物达到稳定的温度和湿度，然后用分析天平进行称重。根据每张 Teflon 膜采样前后的质量差除以采样体积即可计算得到颗粒物在大气中的质量浓度。滤膜称重法测定的是颗粒物的绝对质量浓度，其测定的可靠性是其他在线方法所无法比拟的,可以作为测定大气颗粒物的标准方法,验证在线方法测定的结果。但重量法测定过程存在操作繁琐、采样耗时长、无法实现实时在线监测的缺点。船走航观测过程中,为了避免船自身的影响,一般船停的时候,就停止采样。

3.2.2　颗粒物数谱分布

大气颗粒物的浓度不同于气态污染物的浓度,不仅可以用质量浓度来表示,还可以用数浓度来表示。颗粒物数浓度随粒径变化的分布,称为大气颗粒物的数浓度谱分布或数谱分布。大气颗粒物数谱分布特征和模态特征能很好地表征其来源与演变,是大气颗粒物的重要特征之一。

颗粒物粒径范围极广,可从几纳米到几十微米,其下限为气态分子形成的初级分子簇尺度,一般认为是 1 nm,上限为在大气中可长时间悬浮而不沉降的最大颗粒物尺度,可以达到 100 μm,跨 5 个数量级。根据不同粒径段颗粒物的来源和性质的差异,可以把大气颗粒物分为四个模态,从小到大依次为核模态、爱根核模态、积聚模态和粗粒子模态(图 3-1)。核模态颗粒物是大气中的低挥发性气态物质通过成核作用与凝结形成非常小的颗粒物;爱根核模态的颗粒物主要来源于一次燃烧源,如机动车尾气、锅炉燃煤、生物质燃烧等;积聚模态的颗粒物则是小粒径的颗粒物碰并或低蒸汽压的气态污染物凝结、凝聚在已有颗粒物上使之长大而成的颗粒物,可以表征二次颗粒物污染;粗粒子模态的颗粒物主要来源于物理作用,如建筑扬尘、道路扬尘、海盐等。颗粒物粒径大小是颗粒物的重要特性之一,表征着颗粒物的来源及污染特征,同时影响着颗粒物在大气中的行为、传输距离及其对环境和人体健康的影响,因而测定颗粒物的数谱分布对于研究颗粒物的来源、性质及控制措施,具有重要意义。

颗粒物数谱分布的测定是大气颗粒物研究领域的重要方面,其中核模态的新粒子生成与增长作为大气中颗粒物数浓度的主要来源,是近年来研究的热点也是难点。对于新粒子生成机理的研究,首先必须对新粒子生成和增长行为进行测定,需要对于低至 3～10nm 甚至更小尺度的颗粒物数浓度进行高分辨率的精确测定,同时较大颗粒物作为新生成颗粒物的凝结汇,也需要对其谱分布进行定量,以便研究新粒子生成的源汇关系。颗粒物污染机制的分析同样依赖颗

粒物数谱分布的测定。通过对于颗粒物数谱分布的实时在线测定，可以把握颗
粒物污染的程度，污染特征，以及发展趋势，进而可以结合其他物理化学性质
分析污染来源、转化机理，从而制定相应控制措施。

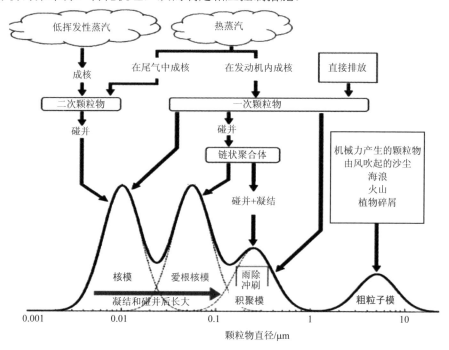

图 3-1　各模态颗粒物的来源[2]

　　颗粒物数浓度粒径谱分布的测定经历了漫长的发展历程，早期基于光学测
定的仪器只能完成微米级颗粒物的谱分布测定。颗粒物光学计数器（Optical
Particle Counter，OPC）基于颗粒物对于细激光束的散射原理，可以测定 300nm
以上的颗粒物数浓度及谱分布，然而由于其会对颗粒物进行加热，使得测定时
颗粒物的粒径和形貌可能发生变化，同时大气中颗粒物复杂的形貌和化学组成
也会对于其粒径谱分布测定带来较大误差。在我国 20 世纪末的颗粒物研究中，
较为普遍使用的是空气动力学粒径谱仪（Aerodynamic Particle Sizer，APS），该
仪器基于 OPC 光学散射原理进行计数，同时利用不同空气动力学粒径的颗粒物
在空气流场中加速度不同的原理，可以实现颗粒物粒径谱分布的精准测定。以

当前普遍使用的 TSI Model-3321 型空气动力学粒径谱仪（TSI，Inc）为例，空气进入仪器后被分为两部分，一部分经过滤膜过滤为无颗粒物的洁净鞘气，另一部分作为样气同鞘气仪器在进气管尾部进入尖嘴（Nozzel），由于尖嘴处管路迅速变窄，空气被快速加速，而颗粒物则无法短时间达到与气体同等的速度，粒径越大，加速度越小，所达到的最终速度越慢。从尖嘴末端喷出的单个颗粒物束经过激光室的两束固定距离的激光，每个颗粒物均会发生两次散射，两次散射之间的时间即是颗粒物的飞行时间，光路侧面的探测器记录散射次数测定颗粒物个数，通过记录飞行时间计算颗粒物飞行速度，进而可以转换为颗粒物粒径，得到高时间分辨率的在线颗粒物粒径谱分布（图 3-2）。目前，APS 被普遍应用于 500 nm 以上颗粒物粒径测定。

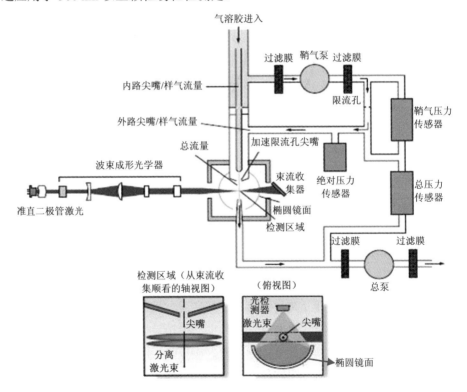

图 3-2　APS 原理示意图[3]

随着扫描电迁移颗粒物粒径谱仪（Scanning Mobility Particle Sizer，SMPS）技术的发展与普及，当前多数的颗粒物数谱观测已经可以做到 3 nm 以上的颗粒物的谱分布测定。SMPS 一般由差分电迁移分析仪（Differential Mobility Analyzer，DMA）和凝结核计数器（Condensation Particle Counter，CPC）两部分组成。DMA 是基于不同粒径带电颗粒物在电场中的迁移性不同这一原理，将特定粒径的颗粒物筛选出来。颗粒物在进入 DMA 之前，需要经过中和器（Neutralizer）使其具有已知的特定电荷分布，便于之后进行数据矫正。以 TSI Model-3936 为例（图 3-3），DMA 的主体由内外同心的圆柱电极组成，电极中间形成向心的环状电场，内层圆柱电极的最下端具有狭缝。经过电中和之后的颗粒物，在十倍于其体积流量的经过滤不含颗粒物的鞘气的包裹下，从圆环最外圈进入 DMA 内部，可知在电场作用下，带有正电荷的颗粒物会向中心迁移。在层流中，颗粒物在电场作用下的迁移主要由其电迁移性 Z_p 决定。

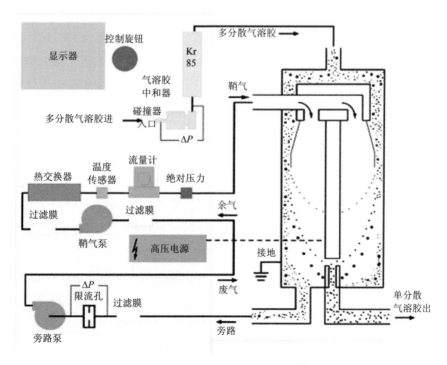

图 3-3　SMPS 工作原理示意图[4]

$$Z_p = \frac{neC}{3\pi\mu D_p} \tag{1}$$

式中，D_p——气溶胶 Stokes 粒径；

n ——气溶胶所带电荷数；

e ——电子电量；

C ——Cunningham 滑动修正系数；

μ ——气体黏性系数。

可知，当一给定的电场强度下，只有固定大小的颗粒物可以最终偏移至内侧电极狭缝处被引出，而其余的颗粒物则由电场最下方 Excess Flow 引出，进入鞘气的循环。一般的 DMA 可以做到 15～800 nm 粒径范围颗粒物的筛选，而经过特殊设计之后的 UDMA（Ultrafine Differential Mobility Analyzer）由于具有更短的偏移时间以及更加稳定防止小颗粒物损失的流场，可以对小至 3 nm 的颗粒物进行筛选。

经过 DMA 筛选得到的单粒径气溶胶流由凝结核计数仪（CPC）进行计数，从而得到各个粒径的颗粒物数浓度。CPC 一般使用正丁醇或水作为工作介质，通过温度控制使得工作介质凝结至颗粒物表面，致使颗粒物增长至光学尺度，进而可以被 OPC 计数。以 TSI Model-3775 为例，颗粒物进入 CPC 后，经过加热饱和室后被正丁醇蒸气所包裹，进而进入降温凝结室。由于迅速降温，正丁醇饱和度迅速上升，开始在颗粒物表面产生凝结，使得颗粒物增长至微米级，进入光学测定室被 OPC 计数，从而得到颗粒物数浓度（图 3-4）。在 SMPS 运转时，DMA 不断变换电极的电压，产生强度不同的电场，使得不同粒径的颗粒物依次被筛选进入 CPC 被计数，从而得到完整的颗粒物数浓度随粒径的谱分布。需要注意的是，小粒径的颗粒物在采样管路和仪器内部均会产生一定程度的散逸损失，同时 CPC 对于不同粒径颗粒物也有不同的计数效率，故而所得到的颗粒物谱分布数据需要经过一定的校正才可表征实际大气中颗粒物数谱分布。

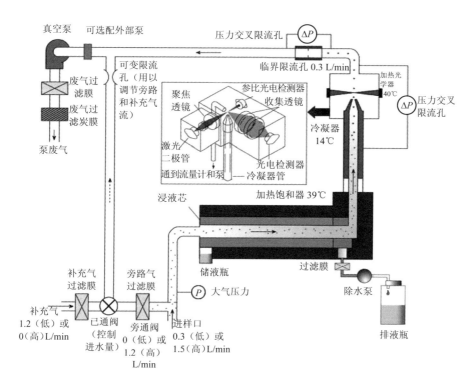

图 3-4　CPC 工作原理示意图[5]

3.2.3　大气颗粒物光学性质

　　大气污染物的消光效应是造成大气能见度下降的根本原因，掌握污染物的污染特征有利于更好地理解大气能见度与污染物之间的关系。已有的研究表明，大气消光系数是由颗粒物化学组成及粒径分布状况、气态污染物（主要是 NO_2）的浓度水平以及这些污染组分的光学属性等决定的。总的消光系数可表示为：

$$b_{ext} = b_{ag} + b_{ap} + b_{sg} + b_{sp} \qquad (2)$$

式中，b_{ag}——气体分子吸收系数，主要是 NO_2 的吸收；

　　　b_{ap}——颗粒物的吸收系数，主要是颗粒物中元素碳组分的吸收效应；

　　　b_{sg}——气体分子瑞利散射系数，指的是洁净空气的背景消光；

b_{sp}——颗粒物的散射系数，主要是颗粒物中硫酸盐、硝酸盐以及含碳有机物等污染组分的散射效应。

另外，大气颗粒物吸收水分后会改变自身的物理、化学以及光学性质，因此大气湿度会间接改变大气颗粒物的消光特性。

大气颗粒物的散射系数多采用积分浊度计 550 nm 绿光的监测结果，由原始数据经单位换算获得。大气颗粒物吸收系数使用 Magee 公司七波段黑碳仪（Aethalometer）测定从 370 nm 至 950 nm 的黑碳（BC）浓度。黑碳仪测定通过承载颗粒物膜的光衰减并以相应光波对应的衰减系数给出 BC 浓度，进一步通过以下公式转换为悬浮的颗粒物在实际大气中的吸收系数（$b_{ap,532}$，代表 532 nm 波段处的吸收系数）：

$$b_{ap,532} = 8.28 \times [BC] + 2.23 \qquad (3)$$

式中，8.28 m^2/g 是黑碳颗粒物在大气中的消光横截面（消光效率），是由仪器生产厂家给出的黑碳仪与光声光度计（532 nm）在珠三角地区的实际比对测试结果。采用波长指数方法将 532 nm 的吸收系数校正为其他波长的吸收系数。如对于 550 nm，如下式所示：

$$b_{ap,550} = b_{ap,532} \times (532 / 550) \qquad (4)$$

式中，$b_{ap,550}$、$b_{ap,532}$ 分别为 550、532 nm 处的吸收系数。

气体分子的瑞利散射为一常量，经 Nephelometer 测定得到长岛的气体分子瑞利散射为 11 M/m。主要的气态吸收消光组分为 NO_2。根据以下公式计算得到 NO_2（ppb）的吸收系数：

$$b_{ag} = 0.33 \times NO_2 \qquad (5)$$

消光系数通过下面的公式进一步转换为能见度水平：

$$V_d = \frac{2.996}{b_{ext}} \qquad (6)$$

下面对几种常用的光学仪器进行介绍。

1）多角度吸收光度计（MULTI ANGLE ABSORPTION PHOTOMETER，MAAP）

黑碳监测仪是根据大气气溶胶光吸收特性和相应的黑碳质量浓度原理研制的。黑碳监测仪装有一个多角度吸收光度计，光度计测定前后反射半球区域内采样滤带上颗粒物对光吸收和散射。数据倒置运算法则是基于发射迁移理论，并且进一步考虑了沉积的气溶胶内部和气溶胶和采样滤带之间的多级反射。

如图 3-5 所示，样品由进样口进入到黑碳监测仪内，经过进样管，在玻璃纤维滤带上沉积。气溶胶样品在采样滤带上积累达到阈值后，采样滤带将自动推进。在检测室内，采用 670 nm 的可见光作为光源，指向采样滤带和被采集的气溶胶颗粒。一系列光学检测器被用来测定前半球的透射光以及后半球的反射光。样品测试开始之前，仪器首先测定空白滤带对光的反射和透射，之后，随着颗粒物在滤带上累积，光强相对于空白滤带测定值减小。在样品运行期间，光透射、多角度反射和采样体积被连续测定，从而得到黑碳的实时浓度。快速采集的数据可以通过应用校准菜单中的衰减因子（sigma）而转换成气溶胶光吸收系数。

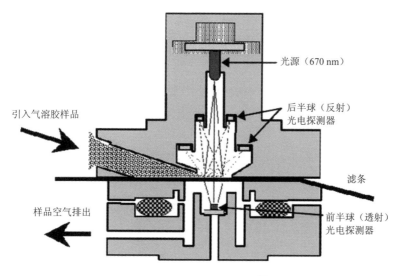

图 3-5　MAAP 检测室[6]

黑碳监测仪的特点在于，它对气溶胶光学吸收方法做出了改进，把气溶胶颗粒的散射作用独立出来并且消除了散射作用对测定结果的干扰。

2）七波段黑碳仪（Aethalometer）

（1）Beer-Lambert 定律

光在介质中传播，其强度会随之衰减，这种衰减遵循 Beer-Lambert 定律：

$$\frac{I_\lambda}{I_{\lambda 0}} = e^{-A_\lambda} \tag{7}$$

式中，$I_{\lambda 0}$——光源的入射光强，波长为λ；

I_λ——经过介质后的光强，波长为λ；

A_λ——介质的光学厚度。

对于黑碳气溶胶样品构成的介质而言，光学厚度与黑碳气溶胶的量以及入射波长有关：

$$A_\lambda = k_\lambda \times M_{BC} \tag{8}$$

式中，k ——黑碳气溶胶的质量吸收系数（截面积），cm^2/g

M_{BC} ——介质中的黑碳的密度，g/cm^2。

（2）光学衰减测定原理

黑碳气溶胶中的大多数碳原子的化学键状态是石墨六元环或近似是石墨六元环，形成大量存在的 π 键电子，因此在特定情况下，黑碳气溶胶表现出游离碳的特征，能在很宽的波长范围内有效地吸收入射电磁波（光子）。游离碳是已知的具有最宽泛连续吸收光谱的物质之一，在波长 550 nm 处的质量吸收系数约 10 cm^2/g，这种吸收与入射电磁波的波长成反比，在短波端吸收增强，在长波端吸收减弱。相对于黑碳气溶胶而言，沙尘气溶胶对可见光的质量吸收系数要小 2~3 个数量级，因此，在一般情况下对可见光的吸收消光作用贡献很小。黑碳仪利用黑碳气溶胶的这一特性，通过测定气溶胶样本的光学衰减量，确定大气中黑碳气溶胶的含量，即光学衰减测定方法，也是最简单的物理测定方法。

当一束光透过一个过滤收集了空气样品中颗粒物的光学纤维滤膜时的光学衰减 ATN 为：

$$\text{ATN} = 100 \times \ln \frac{I_0}{I} \tag{9}$$

式中，I_0 ——透过原来滤膜或者是透过滤膜空白部分的光强；

I ——透过收集有气溶胶样品的那部分滤膜的光强。

式中的因子 100 是为了方便表示光学衰减的量值而引入的，如果没有这个因子，定义的光学衰减的量值就是（透射）光学厚度。根据定义，光学衰减为正的量纲一数值。当光学衰减值为 1 的时候，如果我们观察采样膜，几乎感觉不到采样区和空白区的差别，当光学衰减值等于 100 时，我们就会观察到采样膜上的气溶胶采样区非常黑。

利用一透光均匀的光学纤维滤膜采集大气气溶胶的样品，并用固定波长的单色光（波长为 λ）测定光学衰减 ATN_λ，当采样膜上黑碳气溶胶颗粒的尺度小于波长尺度参数 $2\pi\lambda$ 时，黑碳气溶胶的沉积量 M_{BC} 与光学衰减 ATN_λ 存在线性关系：

$$\text{ATN}_\lambda = \sigma_\lambda \times M_{\text{BC}} \tag{10}$$

式中，σ_λ 是黑碳气溶胶样品对波长 λ 入射光的当量衰减系数，与黑碳气溶胶在波长 λ 的质量吸收系数 k_λ 有关，但它不是一个"物理常数"，需要通过光热解析—氧化的方法或其他方法测定。

由于大气中的黑碳气溶胶多为亚微米颗粒，在可见光的测定波长范围内，其粒径尺度可满足小于波长尺度参数 $2\pi\lambda$。但是，当光学衰减达到一定量值时，即较多的气溶胶颗粒在滤膜上相互堆积形成大颗粒，其粒径尺度可能超出 $2\pi\lambda$，此时 ATN_λ 和 M_{BC} 的关系会偏离线性，这种情形称为产生遮蔽效应。在测定中要避免出现这种情形。

上式成立的另一前提是，气溶胶微粒均匀地嵌入光学纤维滤膜中，利用光学纤维的多次散射作用消除由于微粒散射造成的透射衰减，使得测定只对气溶胶颗粒的吸收敏感。因此，黑碳仪采用散射作用较强的带状石英纤维滤膜作为采样膜。

（3）时间差分测定方式

如图 3-6 所示，黑碳仪工作时，在抽气泵的驱动下，环境空气连续地通过滤膜带的采样区（因为其形状为圆或椭圆，也称为采样点），气溶胶样品被收集在该部分滤膜上。每隔一个时间周期，仪器开/关测定光源一次，并测定有光源照射和无光源照射 2 种条件下，透过石英滤膜的气溶胶采样区（点）和参照区（点）的光强。根据光强信号，计算每个测定周期的采样区（点）的光学衰减增量，得到该测定周期内收集的黑碳气溶胶质量，再除以这段时间的采样空气体积，即可以计算出采样空气流中的平均黑碳浓度。这就是所谓的"时间差分测定"的工作方式。如果测定周期与所关注的空气质量变化时间尺度相比较短时，可以认为观测是连续的。如果平均浓度从一个观测周期到下一个周期的变化不大，我们认为该平均值合理反映了该测定周期内环境空气的实际黑碳浓度。

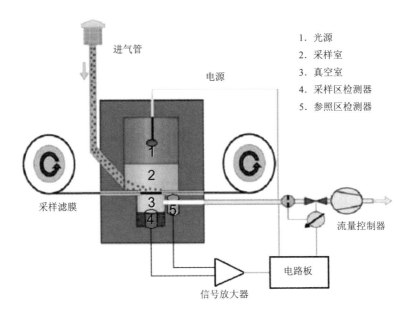

图 3-6　黑碳仪原理结构示意图[7]

（4）七波段黑碳仪

黑碳气溶胶近似于游离碳，在可见光范围内其质量吸收系数 k_λ 与入射光的波长成反比（与 $1/\lambda$ 成正比）。当照射波长变短时，由于光子频率增大，六元石墨碳环的吸收系数（截面积）增大。黑碳在整个可见—近红外区具有宽谱吸收的特点，所以看起来是完全黑色的。但是在实际的大气气溶胶中，含有一些有选择性特定吸收波长（线状或带状吸收）的物质，这些物质看上去是"有颜色"的，可能会在特定的吸收谱段上干扰我们对黑碳气溶胶的测定。

用多个波长进行测定可以获得这些干扰物质对气溶胶光学吸收性质中的贡献，也可用来评估/排除它们对黑碳测定的干扰。AE-31 型黑碳仪可以测定从 370 nm 到 950 nm 范围内的 7 个波段的光学吸收，可以获得更加细致的气溶胶光谱吸收的信息。

在波长小于 400 nm 的范围内，某些有机化合物（如多环芳烃、烟草的烟雾和柴油机新鲜尾气中的一些化合物）开始强烈地吸收紫外线。这些化合物在紫外线的作用下，可以发生电离或产生荧光。这些化合物的吸收系数（截面积）差异很大，不同物种的分子吸收效率可能是数量级的变化。因此，很难像对待黑碳在可见光的吸收那样，用某一特定化合物的量来量化地表征或解释包含气溶胶样品中的这些物质对紫外光的吸收。

吸附了有机化合物的"黑"碳颗粒对于入射的紫外光子有两种吸收方式：具有六元石墨碳环特征的部分，其光学吸收具有如前所述的 $1/\lambda$ 的波长依存性；而有机化合物只对特定光谱有强烈吸收。其综合结果是，由于吸收短波长光的有机化合物的存在，气溶胶对紫外波段的总吸收要比单纯的黑碳强得多。于是，在吸收方程式中需要增加第二项：

$$\text{ATN}_{\lambda'} = \sigma_{\lambda'} \times M_{\text{BC}} + \text{Sum}\{\delta_{\text{P},\lambda'} \times C_{\text{P}}\} \tag{11}$$

式中，$\text{ATN}_{\lambda'}$ ——在（紫外波段）波长 λ' 处的光学衰减；

$\sigma_{\lambda'}$ ——在紫外波段内黑碳气溶胶的当量衰减系数；

M_{BC} ——黑碳气溶胶的沉积量；

$\delta_{\text{P},\lambda'}$ ——化合物 P 在波长 λ' 处的紫外吸收系数；

C_{P} ——该化合物的量。

式中的后面一项是所有对紫外波段有特征吸收的化合物的光学衰减

$\{\delta_{P,\lambda'} \times C_P\}$之和，代表了"蓝"碳产生的总光学衰减。吸收短波长光的有机化合物对可见光没有吸收，即是透明无色的，因而不会影响使用可见光或者近红外光测定的黑碳浓度。吸收短波长光的有机化合物只在紫外光线照射下才能看到。

3.2.4 颗粒物化学组成

大气颗粒物的化学组成可以反映颗粒物的来源和在大气中经历的过程，是颗粒物的重要性质。颗粒物化学组成的测定分为离线和在线两种方式。在线技术的测定具有高时间分辨率的优点，可以对快速的大气化学过程进行研究，但是由于大气颗粒物某些单一物种的浓度都非常低，例如颗粒物中的有机物种，其浓度在 ng/m^3 的数量级，因此收集达到分析所需要的量一般需要几个小时甚至几天时间，因此在线技术很难对其进行测定。离线的测定能够提供复杂的颗粒物化学组分的信息，尤其是可以测定有示踪作用的颗粒有机物信息，这些信息不仅可以提供直接的颗粒物化学组成情况，而且对颗粒物生成机制的研究以及颗粒物的健康与环境效应提供重要的依据。

3.2.4.1 大气颗粒物化学组成的离线测定

在沿海及近海大气颗粒物化学组成的研究中，由于颗粒物的浓度较低，尤其是近海上空，因此离线的膜采样方法是最为常用的方法。

1）采样膜的种类与选择

根据颗粒物化学组成的不同，选用的膜材质不同。颗粒物采样中最常用的滤膜是 Teflon 膜、石英膜（Quartz）和尼龙膜（Nylon）等。不同的膜材质不同，可用于颗粒物不同组分的测定。Teflon 膜材质主要由聚四氟乙烯（PTEF）薄膜制成，外侧带压环，表面呈白色，接近透明，光的散射或投射少，颗粒物捕集效率高，使用于称重分析、水溶性离子测定以及利用 ICP-MS、XRF 等进行无机元素分析，但是由于其主要是由碳基材质组成，所以不用于含碳组分的测定。石英膜主要是由石英纤维组成，表面白色，不透明，颗粒物捕集效率高，一般用于含碳物质的测定，例如元素碳、有机碳和颗粒物有机物等物质分析，其内含有 Si、Al 等元素而不宜用于无机元素和水溶性离子测定。尼龙膜由纯尼龙薄膜滤膜组成，表面白色，对 HNO_3 吸收效率高，一般适用于进行 ICP-MS 和自动比色法（AC）等的分析，还可以进行水溶性离子组分分析。在沿海和近海大气颗粒物的研究中，水溶性离子、微量金属元素的分析，建议使用 Teflon 膜采样。对含碳组分，包括 EC/OC、总水溶性有机碳、有机物种等的分析，建议使用石英膜采样。

2）颗粒含碳组分测定

含碳组分是大气颗粒物的重要组分，可以占到 $PM_{2.5}$ 质量的 10%～70%，主要包括元素碳（Elemental Carbon，EC）和有机碳（Organic Carbon，OC）。EC 主要由含碳燃料不完全燃烧产生；而 OC 既可来源于直接排放，也可以来自二次转化，需要注意的是 OC 仅指有机物中的碳的质量。在有机物（Organic Matter，OM）中除了碳元素外，还包含氧、氮、氢、硫等元素，由于 OM 物种较多，测定困难，一般将 OC 乘以一个质量换算因子进行估算。在研究陆源污染物对海洋的影响方面，EC/OC 的测定是十分重要的，尤其是 EC 可作为一次人为排放的示踪物。

Appel 等人早在 1976 就开展了对碳颗粒物的研究[8]，到目前为止分析 OC、EC 的方法有热学法、光学法和热光法三类。

热学法是在载气条件下，逐级加热采样膜，含碳组分受热挥发，将挥发的含碳组分氧化成 CO_2 或将氧化的 CO_2 进一步还原成 CH_4 进行检测，热学法的缺陷是不能准确区分 EC 和 OC。目前为止最常用的升温程序是 IMPROVE（Interagency Monitoring of Protected Visual Environments）和 NIOSH（National Institute of Occupational Safety and Health）两种，两种方法都有广泛的应用。Chow 等比较了两种不同升温程序测定结果[9]，发现二者测定的总碳含量一致，但 NIOSH 方法测定的 EC 含量低于 IMPROVE 测定的 EC 含量。

光学法测定是利用光吸收和光散射法测定 EC 的分析方法，其粗略认为颗粒物中只有 EC 产生光吸收，严格的意义上讲，测得的碳应该叫作吸光性碳（Light Absorbtion Carbon，LAC），也经常被称为黑碳（Black Carbon，BC）。由于光学法忽略了颗粒物其他成分对光的吸收，例如棕色碳等，因而，对 EC 的质量是高估的。

光热法是热学法和光学法综合，也是目前国际使用最多、较成熟的 OC、EC

的分析方法。光热法在热学法分离 OC、EC 的基础上，辅助光学法光学校正、判定切割点，从而准确分割 OC 和 EC，图 3-7 给出了一张典型的 EC/OC 分析谱图。光热法根据检测不同的光可分为光热反射法（thermal/optical reflectance，TOR）和光热透射法（thermal/optical reflectanc，TOT），两者都是采用激光入射到采样膜上，TOT 测定的是透过测样膜激光强度的变化趋势，TOR 则是测定从采样膜表面反射回来的激光强度的变化，一般美国沙漠研究所（Desert research institute，DRI）采用的是 TOR 方法，美国 Sunset Lab.公司采用 TOT 方法。

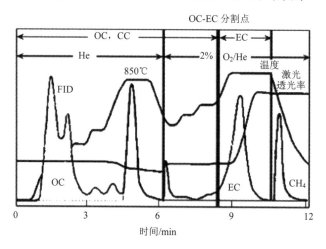

图 3-7　典型的 EC/OC 分析仪谱图

　　以下仅对 Sunset 公司的碳分析仪对 EC/OC 的测定原理进行介绍。Sunset Lab. 的 OC/EC 分析仪是美国 EPA/NIOSH 推荐的检测气溶胶 OC、EC 的仪器，采用的是热光法测定颗粒物中 OC 和 EC 含量，辅助激光透射法校正 OC 和 EC 的切割点，仪器精密度为 ±10%，是目前最常用的分析 OC 和 EC 的方法之一。

　　首先采集了颗粒物的石英膜在 He 载气的非氧化环境下被逐级加热，较易挥发的 OC 从石英膜上释放，难挥发的 OC 则发生热解，热解的部分产物由于炭化转化为 EC。这些释放的 OC 随 He 进入 MnO_2 氧化炉后与 O_2 混合，在 MnO_2 催化下氧化为 CO_2，CO_2 随载气流出氧化炉后与 H_2 混合，并在镍催化下还原为 CH_4，然后进入火焰离子检测器（Flame Ionization Detector，FID）进行定量测定。此次程序升温过程挥发出的碳认为是 OC。首次程序升温后，炉子开始冷却并将载气转换为 He/O$_2$ 混合气进行第 2 次程序升温，此时膜上的 EC 会不断氧化并释放，随载气同样经 MnO$_2$ 催化氧化和镍催化还原，转化为甲烷，进入 FID 检测，这段过程中测定的是 EC 和炭化为 EC 的 OC。Sunset EC/OC 分析仪采用激光法，校正 EC 和 OC 的分割点。整个过程保持激光束（670 nm）透过石英膜，在第一阶段的升温过程中，透射光强随 OC 炭化减弱；当 He 切换成 He/O$_2$ 时，透射光强随 EC 氧化分解又逐渐增强，当恢复到最初光强时，认为该时刻为 OC、EC 分割点，即此时刻之前检测出的碳都认为是 OC，之后检测出的碳都认为是 EC，它们各自的量则根据 FID 检测信号的积分面积和参照甲烷内标气峰积分面积的关系确定。

DRI 的碳分析仪基本原理与 Sunset 的碳分析仪类似，不同在于升温程序采用的是 IMPROVE 的方法，激光检测是 TOR 的方法。两种方法在对沿海和近海大气颗粒物中 EC 和 OC 的测定上都有应用，但是需要强调的是，在分析结果和比对结果的时候，一定要注意的是采用 TOR 的方法还是 TOT 的方法。

3）颗粒水溶性离子测定

除含碳组分外，水溶性无机离子也是大气气溶胶的重要化学组分，水溶性离子具有吸湿性，影响颗粒物在大气中的液相和非均相反应；同时水溶性组分较高的颗粒物更加容易成为云凝结核，影响云物理过程；另外硫酸盐、硝酸盐等成分对太阳辐射具有散射作用，影响大气光学性质和能见度，对地气系统能量平衡的变化具有重要影响。

离子色谱法（Ion Chromatography，IC）由于能够快速测定多种离子，因此成为目前测定气溶胶中水溶性组分最常用的方法。

大气颗粒物在进行离子色谱分析前，首先要进行提取，最常用的提取方法是利用超声波提取，提取液采用高纯的去离子水。提取所需要的去离子水体积和提取时间是提取最重要的两个参数，需要根据样品的情况进行详细的条件实验来确定。另外需要注意的是，在提取过程中采样膜和提取液所在的容器应在控制温度的水浴中进行提取，防止颗粒物中的半挥发性物质由于加热而损失，一般建议水浴的温度不得高于 30℃，不同的样品需要设定相应的控制温度。在沿海和近海的大气颗粒物分析中，由于颗粒物中含有较多低分子量水溶性的有机酸，尤其是甲磺酸等，是研究海水和大气相互化学作用中重要的物种，因此在提取的过程中，可在提取液去离子水中加入 1～2 滴甲醇，提高有机物的提取效率。

提取后的溶液可进入离子色谱仪进行分析。离子色谱仪一般由流动相输运系统（输液泵）、进样系统（进样阀）、分离系统（色谱柱）、抑制或衍生系统（抑制器）、检测系统（离子检测器）及数据处理系统等几部分构成。色谱柱是分离系统中的主要原件，是存放固定相的场所。在色谱柱中样品中的阴、阳离子根据交换原理被分离，因此不同种类的离子在不同时间流出色谱柱。自动再生抑制器中，阴极和阳极之间施加一个直流电，在施加的电场下，阳极水被氧化产生 H^+ 和氧气，阴极水则被还原为 OH^- 和氢气，电化学反应产生的 H^+ 和 OH^- 用于抑制背景电导（流动相产生的电导值），抑制的结果是：降低流动相的背景电导值，增加被测物的响应值，改善被测物质的灵敏度和检测限。通过抑制器后的流动相进入电导检测池被测定电导信号；最后根据溶液中各阴、阳离子出峰的保留时间及面积可进行定性和定量。图 3-8 展示了离子色谱分析的简要流程。

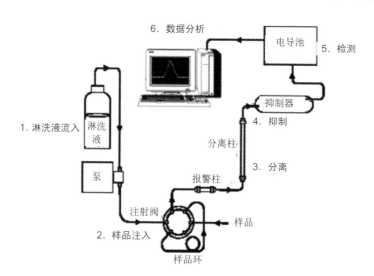

图 3-8　离子色谱分析流程图

4）颗粒有机物的采集和测定

颗粒有机物（Particulate Organic Matter，POM）是大气颗粒物的主要组分，在沿海和近海大气颗粒物中，有机物所占比例可以达到 20%～90%，因此，是研究沿海和近海大气颗粒物中非常重要的方面。但是由于颗粒有机物种类繁多、结构复杂，尤其在沿海和近海的大气中浓度很低且物理化学性质差别大，因此对颗粒有机物的测定以及对颗粒有机物在大气中的行为和作用的研究都具有一定的困难。

由于沿海和近海大气中颗粒有机物物种的浓度都非常低，要想达到分析所需要的量一般需要几个小时甚至几天时间，因此目前主要采用离线的手段对其进行测定。离线的膜采样能够测定复杂的颗粒有机物化学组分，这些技术不仅仅可以提供直接的颗粒有机物的化学组成信息，而且能够对颗粒有机物在大气中的生成机制和行为的研究提供重要的依据。

5）颗粒有机物样品的采集

最普遍的颗粒有机物的采集方法是膜采样方法，然而，有机化合物，尤其是半挥发性有机物易变甚至难以预测的理化性质给采样工作带来困难。

采样时间和正负偏差是导致采样误差的两个重要方面。从采样时间上来说，由于颗粒态有机物在大气中的浓度很低，为了达到分析方法的检测限，一些地区颗粒态有机物样品的采集往往要几天甚至几周，采样时间太短，在分析时会造成很大的损失，采样时间太长会增大采样的误差[10]。正负偏差由两方面原因，一方面，采样时由于在采样膜前后巨大的压力降，使得颗粒相的有机物会挥发出来，引起负误差；另一方面，气相的有机物会吸附在膜上，从而错误的被当作颗粒相物质而被监测出来，这种正误差甚至可以达到50%[11]。很多研究者已经对如何适当地采集颗粒物中的半挥发性有机物进行了研究[12-17]，其中最重要的问题就是在收集大气颗粒物时用适当的方法从颗粒物中除去气态物质而不影响这些化合物的气固分配。对于膜采样方法误差的校正一般是在采样膜后面加上第二张膜，但是不同研究者用不同的假设来进行采样误差校正，导致对有机碳的估计存在很大差异甚至互相矛盾。Tang 等认为半挥发性有机物从膜上挥发是主要的采样误差[18]。利用两张石英膜串联，认为第二张石英膜上的有机物是从前一张膜上挥发出来的。利用这种方法，Eatough 等实验也表明传统的膜采样法低估了细粒子中含碳物种的浓度，平均约为 76%，并发现半挥发性有机物的挥发损失在春天和夏天最高，冬天最低[15]。相反，Turpin 等认为气态有机物的吸附是最主要的采样误差[17]。McDow 和 Huntzicker 的实验也表明有机物在石英膜上的浓度取决于面速度[16]。面速度增加，膜上的有机物的量减少，而元素碳不受面速度影响。Turpin 等经过计算和实验研究得出结论[17]：①石英膜可以吸附一定量的有机蒸汽；②Teflon 膜是惰性的，且表面积比石英膜小得多，不会吸附有机蒸汽；③将 Teflon 膜和石英膜串联，第二张石英膜会得到更多的有机物，这部分有机物被认为是石英膜吸附的有机蒸汽，因此可以减去相同面速度的 Teflon 膜后面的石英膜含有的有机碳来进行校正。这种方法在采样点的气体浓度比颗粒物浓度高得多时应用很好，但不能校正挥发产生的负偏差。在城市地区，这种方法对正偏差的校正较好[19]；然而在偏远地区，二次气溶胶在总有机颗粒物中占有很大比例，挥发偏差可能比吸附要大，因此在这样的地区，利用这种校正方法会导致吸附的过度校正[20]。

在美国加州空气质量研究中，$PM_{2.5}$ 采样就使用了 Teflon 膜加石英膜的方法来评价有机物测定的偏差大小。结果表明后面石英膜上的有机物可以占到总有机物的 10%～30%。这些偏差随机性很大，因此不能用来校正前面石英膜的有机碳浓度[14]。Mader 等认为前面的膜与引入的气态半挥发性有机物首先达到平衡，那么只有在两张膜都与气态半挥发性有机物达到平衡后，这种气膜平衡才可能实现[21]。因此如果在两个膜达到平衡前停止采样，这种校正方法就会低估气态吸附对前面膜的影响。Kirchstetter 等通过实验发现，膜对有机气体的吸附容量并不是一定的，即使来自同一厂家的不同批次的膜吸附气体的容量也存在差异[19]。因此如果用来校正也是不准确的。

实际上，在采样过程中不可能简单地说哪种误差是主要的，因为很多因素都会影响半挥发性有机物的吸附和解吸。Turpin 等估计采样误差对有机碳质量的贡献范围为-80%到+50%[11]。Huebert 和 Charlson 总结前人工作，讨论了 EC/OC 分析中存在的各种系统误差来源[22]。他们认为仪器分析中温度变化带来的误差为 30%～50%，采样正偏差为 30%～50%，采样负偏差为 50%，有机物和有机碳的比值误差为 30%～50%，再加上 15%～20%的偶然误差和采样流速的不确定性，EC/OC 的采样和分析误差在±80%范围内非常可能。

Eatough 等人的研究认为[23]，半挥发颗粒有机物主要是二次有机颗粒物；使用单一滤膜采样器采集的颗粒物中大部分是半挥发性颗粒有机物。Kamens 和 Coe 的实验表明，某些半挥发性有机物在通过 Denuder 系统时，会快速从颗粒态蒸发，这使得对负误差的估计尤为困难[24]。而且，半挥发性有机物的吸附性能相差很大，找到理想的 Denuder 涂层物质是一件很困难的工作[25,26]。目前大多数实验室只做了非极性有机化合物的采集效率实验[27]，而对高极性有机物的采集性能不太了解[11]。

现在已经进行的对颗粒有机物采样误差的研究，绝大部分都是基于总碳的测定，尚未形成统一认识，对具体化合物在采样中的吸附和解吸特性更是知之甚少。因此迄今为止，颗粒有机物的采样方法仍是一个尚未解决的绝对难点。美国 EPA 专家组在对不同的采样方法进行评估后认为，在彻底了解后置石英膜作用和对 Denuder 系统的全面评估完成之前，仍以单一石英膜样品分析数据为宜。

6）颗粒有机物的分析方法

已有的大气颗粒物中的含碳物质的测定方法包括：热光法测定大气颗粒物中总碳含量和 EC/OC；GC-MS 可以测定单种化合物并定量，但是能确定的有机物只是总有机物中很小的一部分；利用 IC 和 CE 可以测定大气中很少的一部分低分子量的水溶性有机酸；此外，还有一些方法，能够提供有价值的有机物的信息，他们通过测定有机物的某些特性，如官能团、同位素和碳分布等，了解有机物来源和行为，如红外光谱。

（1）总碳分析——热/光碳分析法

分析颗粒物种总碳的方法包括 Denuder 吸附和膜提取。分离和测定总有机碳和元素碳最早是使用溶剂提取—热学法[8]。由于溶剂提取过程比较繁琐，而且有机溶剂有时会干扰分析，所以现在很少使用该方法。目前实验室使用的分析方法有元素分析法[28]、滴定法[29]、热学法[30]和热/光碳分析法[31]。目前应用比较多的是热/光碳分析法，包括热光反射法和热光透射法。此方法最早由 Cadle 等提出来[32]，后来 Chow 等对区分有机碳和元素碳进行了更新校正[33]。这种方法中，石英膜样品被放入石英炉中，分次程序升温，首次程序升温时，石英炉内通入的载气为氦气，随着温度升高，较易挥发的 OC 会从膜上释放，难挥发的 OC 则会在温度较高的情况下发生热解，热解的部分产物由于炭化而转化为 EC，而另一部分也以 OC 的形式从膜上释放。这些释放的 OC 随氦气进入 MnO_2 氧化炉与氧气混合，在 MnO_2 的催化下氧化为 CO_2。CO_2 随氦气流出氧化炉与氢气混合，并在 500℃左右被镍催化剂的催化还原为甲烷，然后进入火焰离子检测器（FID）进行定量测定；二次程序升温，将载气转换氦氧混合气，在升温过程中，膜上的 EC 会不断氧化，产物从膜上释放并随载气同样经过 MnO_2 催化氧化和镍催化还原，转化为甲烷，进入 FID 检测。整个分析过程中，有 He_2Ne 激光穿透石英炉中的样品，并随时记录样品的吸光率。首次程序升温过程中因发生热解过程，元素碳增加，石英膜的吸光率会增加。二次程序升温过程，因 EC 不断氧化，膜的吸光率会逐渐降低，当吸光率降至初始吸光率时，对应的 FID 测得的谱图上的点认为是 OC 和 EC 的分界点。该点之前所有的峰面积积分与 OC 对应，之后的峰面积积分对应 EC，即需将二次升温至分界点这段时间内氧化的 EC 从元素碳中减掉而转加到有机碳中。

虽然热/光分析法是测定有机总碳和元素碳非常有用的方法，但只提供了很少的有机物种类和源的信息，Gray 等建议 OC 乘以一个因子 1.2～1.8 计算有机物的质量浓度[34]，但是这个因子在测定中是不确定的，它取决于采样的时间和地点。由于没有标准的区分有机碳和元素碳的方法，所以分析相同的样品测得的元素碳结果经常相差很大[9,26]。

（2）碳同位素分析

^{13}C 和 ^{14}C 是最常见的碳同位素。利用同位素的比值可鉴别含碳颗粒物的来源。$^{13}C/^{14}C$（$\delta^{13}C$）的比值差异是由化学过程引起的（如光合成或大气氧化）。生物起源的物质具有较高的 ^{12}C 和 ^{13}C。^{14}C 是放射性的，它的含量是年代的函数。此同位素由上层大气的宇宙射线产生，然后混合进入对流层。现代的碳源（非化石燃料碳、植物和数目）的 ^{14}C 含量与其形成时大气 ^{14}C 浓度相近，因此可以作为植物排放（天然排放和生物质燃烧）的独特示踪物。燃料排放的碳几乎没有 ^{14}C，因为它们的年代比 ^{14}C 的半衰期（5 730 年）要长得多[35]。

测定颗粒物中的$\delta^{13}C$的方法与热光碳分析仪类似。收集在石英膜上的样品加热到1 000℃，释放出有机碳和元素碳并氧化为CO_2。用一系列冷阱除去水和其他污染物，CO_2通过同位素质谱仪进行测定[35]。

测定^{14}C可用加速器质谱的方法。先将样品氧化为CO_2，然后纯化，转化为石墨碳。样品引入离子加速器中，并用铯离子轰击，释放出来的C^-离子，被剥离外层电子，产生$^{14}C^{+3}$和$^{13}C^{+3}$。然后分别用$\Delta E/E$检测器和法拉第杯测定这些离子的比。虽然这个方法很复杂，但是它可用来分析毫克的样品[36]。这种方法已经被用来分析洛杉矶地区含碳颗粒物的来源[37]。邵敏等对北京、湖南和青岛含碳颗粒物的来源也进行了研究[38]。

$^{14}C/^{12}C$和$^{13}C/^{12}C$的同位素分析是鉴别大气颗粒物来源的有效方法。当测定有疑问的源时，$^{13}C/^{12}C$的比值尤其有用；而$^{14}C/^{12}C$对估计颗粒物来源是化石燃料还是现代碳是非常有效的[37]。

（3）傅立叶变换红外光谱（FTIR）

利用傅立叶变换红外光谱能够鉴别样品质量的大部分，得到有关官能团和碳键的信息。该方法不能提供单个化合物的信息，但可直接测定颗粒物样品，而且无需萃取或其他样品处理，分析是非破坏性的，并且相对于传统的提取和分析方法样品用量很少，约10～15 μg。该方法可以连续除去非极性有机物、极性有机物和无机盐来得到这些颗粒物组分的光谱。FTIR这种相对快速和便宜的技术提供的化学信息可以用来优化和弥补昂贵的GCMS分析的局限，以改善分子水平鉴定的有机物部分[39]。

这种方法曾用在洛杉矶地区脂肪族化合物、羰基和有机硝酸盐的来源和粒径谱分布研究；烟雾箱中二次有机颗粒物形成的研究；把颗粒物用环己烷、二氯甲烷和丙酮提取，然后压成KBr片，对其组成、极性和致突变性的研究；还有对颗粒物的组成、极性和一次、二次来源研究[39]。

（4）液相色谱（LC）

LC很少用于颗粒有机物的研究，因为LC可以选择各类柱子，并且许多设计都是用来在很窄范围内分离有机物的，在鉴别大量未知化合物时，很不方便。但是由于在大多数地区，GC-MS只能检测出一小部分颗粒有机物，所以应该考虑诸如 LC 等的其他方法来填补这个空白。

LC 对于分析极性有机物和热不稳定有机物具有明显优势，并且水溶液可以直接进入许多种柱子，极性化合物无需衍生化即可分析。使用不同柱子，LC可以按照分子量或极性大小来分离有机化合物，然后用紫外/可见检测器、荧光检测器、质谱或其他方法进行检测。

（5）气质联用（GC-MS）

GC-MS 是分离和鉴别个别有机化合物强有力的工具，是鉴别颗粒有机物最常用的方法。其优点是在一根毛细管柱上就能分离非常广泛的化合物，配上简单的质谱仪，就可以直接鉴别各种化合物。GC-MS 分析技术可以概括为样品制备和仪器分析两个部分。样品制备是将采集到膜上的颗粒有机物溶解下来，转变成仪器可以分析的状态的过程。样品制备一般包括样品提取和衍生化两个方面。

7）GC-MS 样品制备——提取

样品的常用提取方式有索氏提取（Soxhlet Extraction，SE）和超声提取（Ultrasonic Extraction，UE）。索氏提取是美国环保局推荐的提取多环芳烃的标准方法，在颗粒有机物的分析中有着较多的应用，但是因为耗时长，且需要消耗大量的溶剂，长时间的加热回流可能导致某些有机物分解等缺点而逐渐被超声提取所代替。超声提取法是通过超声震荡使膜上的颗粒物溶解下来，由于具有省时、高效、节省溶剂、回收率高[40]等优点而被广泛应用于颗粒有机物的分析中，包括环境大气和不同污染源的颗粒物分析[41-43]。该方法目前也已成为美国环保局和美国职业安全与健康研究所（National Institute for Occupational Safety and Health，NIOSH）指定的分析方法。

固相萃取法（Solid Phase Extraction，SPE）、固相微萃取（Solid Phase Microextraction，SPME）、微波辅助萃取（Microwave Assisted Extraction，MAE）、超临界流萃取（Supercritical Fluid Extraction，SFE）和加压流体萃取（Accelerated Solvent Extraction，ASE）也是环境样品处理中常用的萃取方法。加压流体萃取也可看作是超临界流萃取的一种新的形式，最早出现在 1995 年，是将溶剂泵入盛有样品的萃取池中，加温、加压数分钟后，萃取物从萃取池中输送到收集瓶中供分析。ASE 的特点是萃取过程自动化，多次萃取，溶剂消耗量少。ASE 在土壤及沉积物分析方面应用较多[44]。目前该方法引起了很多颗粒有机物研究小组的兴趣。Heemken 等对索氏提取、超声提取、甲醇皂化提取和 SFE、ASE 等方法在海洋颗粒物中的烷烃、氯代烷烃和多环芳烃的提取效率进行了比较，发现 ASE 方法对样品中多环芳烃的回收率（97%～108%）比传统的提取方法高，相对标准偏差为 6.4%～11.5%左右[45]。ASE 方法的优点是节省时间、节省溶剂、回收率高、需要样品量较少，因此可望成为今后大气颗粒物提取技术的一个发展方向[46]。

8）GC-MS 样品制备——衍生化

衍生化技术是针对极性有机物，尤其是带有羟基和羧基的极性物质分析时经常使用的样品前处理方法。衍生化的目的是用一个非极性的基团去取代有机物分子里的活泼氢原子，如利用甲基或三甲基硅烷基进行亲核取代反应取代活泼氢原子，从而降低有机物的极性，提高样品的色谱性能，使其更容易从色谱柱中淋出。

衍生化的方法有很多，包括硅烷化、酯化、酰化、卤化等[47]。目前颗粒有机物分析中常用的衍生化方法是甲酯化和硅烷化两种。甲酯化方法有重氮甲烷法和 BF_3/MeOH 法等。重氮甲烷因为性质不稳定，且具有毒性和爆炸性，因此在使用上条件要求严格，但是因为该反应的速度快，具有高选择性、不引入其他污染物等优点，目前仍然被很多研究者采用[48-50]。Glastrup 针对重氮甲烷的危险性专门设计了特殊的安全反应装置，具有容易清洗，操作简单等优点[51]。相比之下，BF_3/MeOH 法因为危险性较小、反应试剂价廉易得而得到更多的应用[52-59]。此方法是甲醇和酸的酯化反应，对有机酸具有较好的选择性。BF_3 作为极性很强的路易斯酸，在反应中起催化作用。BF_3/MeOH 法衍生脂肪酸类有机酸时，回收率的标准偏差为 60%[60]，适合颗粒有机物分析的要求。

硅烷化衍生方法是颗粒有机物分析中最常用的方法，是利用质子性化合物（如醇、酚、酸、胺、硫醇等，公式中用 sample 代表）与硅烷化试剂反应，形成挥发性的硅烷衍生物[47]。目前常用的硅烷化试剂是 N,O-双（三甲基硅烷基）三氟乙酰胺/三甲基氯硅烷（BSTFA/TMCS，99∶1）的混合物，其中 TMCS 起催化作用。硅烷化反应是一种亲核反应，其机理如图 3-9 所示[61]：

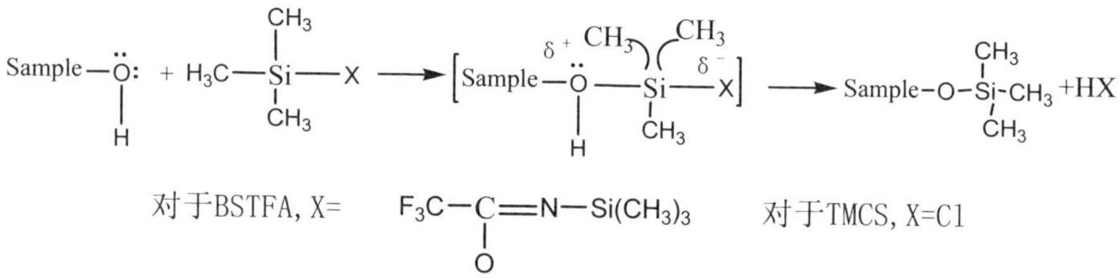

对于BSTFA, X= $F_3C-C=N-Si(CH_3)_3$ 对于TMCS, X=Cl
                        ‖
                        O

图 3-9 BSTFA/TMCS 衍生化反应机理

BSTFA/TMCS 硅烷化反应操作简单，在常温下即可发生反应，但对于空间位阻较大的多羟基有机物来说，可能会出现衍生不完全的现象。因此需要对反应物加热或者延长反应时间，某些情况下甚至会用反应性更强的 N-甲基-N-三甲基硅烷基三氟乙酰胺（MSTFA）（1% TMCS）来进行衍生化反应，如 Zdráhal 在衍生无水单糖时就使用了 MSTFA/TMCS 方法[62]。

在很多的研究中，往往使用几种不同的方法对待测样品进行衍生化，并有针对性地对某一类物种进行分析。文献报道常见的做法是将提取后的样品分成几份，一部分进行甲酯化衍生用以测定其中的脂肪酸和芳香酸等酸类物质，另一部分利用 BSTFA/TMCS 进行硅烷化衍生以测定其中的醇和酚等带羟基的化合物，如正构烷醇、脱氧单糖苷和甾醇类物质[52,54,55,63]。这种衍生化的方案使待测的各类极性物质都能够有针对性地得以充分的衍生，如 BSTFA/TMCS 对有机酸的反应活性就低于对醇的反应活性，而且有机酸的甲酯化标样更容易得到，色谱资料更全面，因此更适合进行甲酯化衍生。显然，这种衍生方案的不足之处在于，两种衍生方法使得前处理的工作量较大，且需要有充足的样品量来分别进行不同的衍生化反应，相应地增加了采样工作量。尽管单一的衍生化试剂不能使所有的极性有机物的衍生反应达到最佳，然而在很多研究中，为简化处理步骤，经常采用一种衍生化试剂进行所有极性有机物进行衍生化处理。如 Nolte 等在大气颗粒有机物的研究中，对所有类别的有机物均采用单一的硅烷化衍生进行前处理，并且加入 1,2,4-丁三醇作为硅烷化衍生反应的内标，用以判断衍生化反应进行的程度，定量检测了包括烷醇、植物甾醇、脂肪酸、氢代树脂酸等多种极性有机化合物[42,43,64]。此外，目前对于

BSTFA/DMCS 硅烷化衍生方法的研究主要是关于其衍生条件的研究，包括反应的时间、温度和试剂用量等的确定，即根据样品的组成特点进行条件试验，以选择最优反应条件[52,65,66]。

9）仪器分析

在仪器分析方面，主要的研究内容是优化仪器的各项控制参数，使样品的分离和检测达到最佳效果。需要设定的条件和确定的参数有：色谱柱；载气及流速；进样方式；进样口温度；升温程序；持续时间；质谱的传输线温度和离子源温度；电子束能量；离子源类别；扫描质量范围和扫描方式[67,68]。

各个颗粒有机物研究小组之间的 GC-MS 方法在升温程序上没有太多的差异，仅是针对不同的样品体系进行微调，如改变最终温度和最终温度保留时间等。目前各个研究小组常用的升温程序多将最终温度设为 300℃，以分离出更多的物质[69]。

离子源是质谱分析的另一个重要参数。离子源的作用是将被分析的样品分子电离成带电的离子，并使这些离子在离子光学系统的作用下，汇聚成有一定几何形状和一定能量的离子束，然后进入质量分析器被分离。离子源的结构和性能与质谱仪的灵敏度和分辨率有密切的关系。样品分子电离的难易与其分子组成和结构有关。为了得到被测样品的分子量信息，就应使该样品的分子在被电离前不分解，这样电离时可以得到该样品的分子离子峰。为使稳定性不同的样品分子在电离时都能得到分子离子的信息，就需采用不同的电离方法。质谱仪有不同的离子源，有机质谱常用的离子源有电子轰击电离源（Electron Impact，EI），化学电离源（Chemical Ionization，CI）和解吸化学电离源（DCI），场致电离源（FI）和场解吸电离源（FD）等[70]。用 GC-MS 对颗粒有机物分析中，绝大多都采用 EI，即直接用电子束轰击样品分子，使其成为带电荷的碎片，通过这些碎片在电场中的轨迹得到碎片质量的信息，进而推断其分子结构。化学电离实际是分子－离子反应。电子束首先轰击的是反应气，生成反应气分子离子，然后反应气分子离子与样品分子反应，形成质子化分子或消去氢负离子的离子。化学电离基本保持了分子的完整性，故称为"软电离"。此外，CI 对含有卤素、N、O 等杂原子的有机物分子具有高灵敏性和高选择性[71]，因此，化学电离源经常作为电子电离源的补充而被应用。应用化学电离源质谱分析大气颗粒有机物的研究，仅有少量报道，如 Newton 等利用 GC-NCIMS 对柴油机排放颗粒物中的硝基多环芳烃进行了测定，尤其在缺乏标样的时候，这种方法在物种识别方面就更加重要[72]。

3.2.4.2 颗粒物化学组成的在线测定

目前，应用比较广泛的气溶胶在线测定仪器主要有三类：第一类是将颗粒物引入一定湿度环境下收集，然后加热使其分解为气体，最后检测所得气体的浓度并据此计算出相应的气溶胶组分的浓度[73,74]，主要应用于硝酸盐和硫酸盐的快速测定。第二类是基于质谱检测的气溶胶飞行时间质谱法（AMS），它由进样腔、粒径分布腔与化学成分检测腔三个部分组成，采用了一种新型的进样口技术，把气溶胶聚集为"一束"，将其带入真空并在表面加热快速蒸发，最后使用四极杆质谱或飞行时间质谱分析，可同时得到气溶胶化学组分与粒径分布的信息。第三类方法利用了一种原先用于研究气溶胶凝结成核的技术，使用蒸汽喷射的方法使气溶胶长大并把它收集下来[75]，代表方法有美国乔治亚理工学院地球与大气科学系研发的 PILS-IC（Particle-Into-Liquid-Sampler Ion Chromatography）与荷兰能源研究所开发的 SJAC（Steam Jet Aerosol Collector），前者通入一路饱和蒸汽与气溶胶混合，形成过饱和状态，气溶胶在过饱和状态下吸湿长大，并在气流的带动下惯性撞击到垂直玻璃板上，被一路去离子水定期带出，最后分别用阴阳离子色谱分析其组分[76]，后者使用湿式扩散管吸收气体污染物，颗粒物穿过扩散管进入气溶胶生长腔，在充满饱和水蒸气的环境下吸湿长大，颗粒物中水溶性组分被溶解，再经旋风冷凝器吸收后被收集下来，最后送经阴离子色谱与氨检测器检测[77]。除以上三类以外，还有一种类似于膜提取的方法，对聚四氟乙烯膜不停地喷撒水雾，使膜上和悬浮于空气中的水溶性组分被溶解下来并输送到分析系统[78]。

以上三类方法基于检测手段的差异可简称为热解法、质谱法与湿化学 IC 法。热解法对硝酸盐、硫酸盐分别采用化学发光法检测总氮氧化物、荧光法检测二氧化硫。这种方法已有商业化产物，由 R&P 公司生产的 8400N 与 8400S，分别测定硝酸盐和硫酸盐。Stolzenburg 等人[79]又对测定硝酸盐的仪器做了改进，将其核心部件 ICVC（Intergrated Collection and Vaporization Cell），即综合收集与气化室分为三级，分别收集粒径段在 0.07～0.45 μm，0.45～1.0 μm，1.0～2.5 μm 的气溶胶粒子然后分别检测，此装置用于美国 Claremont 等地的外场观测[80]。然而，硝酸盐-NO_x 与硫酸盐-SO_2 的转化效率都给热解-气体法测定颗粒物带来了很大的不确定性，使其与传统膜采样方法比对结果的不确定性在10%～50%之间[81]。Wittig 等人对 R&P 8400N 与 8400S 采样得到的结果做了方法修正、固-气转化效率修正等一系列数据校正，使其与膜采样得到的浓度斜率值大为改观[74]。与热解法相比，AMS 在单时间分辨率内可测物种更多，但它对具体化学组分浓度的定量涉及该物种的离子化效率（Ionization efficiency，IE），而不同物种的离子化效率又与和它共存的物质性质、混合状态等具体环境有关[82]，因此，AMS 需要大量的条件实验并结合其他相关仪器的测定，给出准确的离子化效率值，才能准确定量颗粒物化学组分的浓度。AMS 法测定气溶胶的优点在于时间分辨率高，可同时给出化学组分和粒径分布的信息，还可判断单个粒子的状态是外混还是内混，这在一些大型观测实验中已得到验证[82,83]。

　　PILS 法与 SJAC 法都是基于 IC 测定的，但它们采集到的样品还可与更多检测手段联系起来，得到更为丰富的气溶胶化学组分信息。Orsini 等人对 PILS 做了一系列改进，提高了检测限，并用于航测[84]。Weber 等人对五种在线测定硝酸盐和硫酸盐的仪器做了比对结果分析，包括两种热解-气体法，两种直接将收集到的液体输入 IC 分析的方法和一种在线提取-IC 法[85]。其中，SJAC 是与其他方法吻合得最好的一种新技术，但它测到的硝酸盐偏高，可能是未被Denuder 除去的 NO_x 与热蒸汽反应产生。几种在线采集方式之间的标准偏差在12%左右，而几种用膜采集硝酸盐方法之间的标准偏差达到了 22%，这在某种程度上说明了连续在线采样带来的误差可能更小。

　　国内对气溶胶在线测定仪器的研究还比较少，目前有文献报道的只有中科院大气物理所研发的 RCFP-IC 与北京大学研发的 GAC-IC（Gas and Aerosol Collector－Ion Chromatography），RCFP-IC 原理类似于 PILS，采用过饱和蒸汽与气溶胶混合，并用含有内标的去离子水冲刷，得到的溶液用于检测阴阳离子[86]。

GAC-IC 是一种可同时测定气体-气溶胶水溶性组分与浓度的方法，可同时测定 SO_2、HONO、HNO_3、NH_3、氯盐、硫酸盐、硝酸盐和铵盐等物种，并与多种方法比对且比对结果具有良好的一致性[87,88]。

3.3 小结

海洋大气颗粒物反映出陆地与海洋、海洋与大气、一次和二次颗粒物以及天然源与人为源之间的相互作用，影响沿海区域空气质量和气候变化。大气颗粒物的化学组成可以反映颗粒物的来源和在大气中经历的过程，是颗粒物的重要性质。因此，对海洋大气气溶胶物理和化学特性的研究，有助于理解大气污染物跨海输送，以及陆源污染物对海洋生态系统的影响。大气颗粒物复杂的物理化学特性要求测定仪器能够实时精准地反映颗粒物在大气中的变化。在现代技术的带动下，一系列测定能力更强的仪器推陈出新，将极大加深我们对气溶胶世界的认识。

参考文献

[1] Heard DE. Field Masurements of Atmospheric Composition. Analytical Techniques for Atmospheric Measurement[M]：Blackwell Publishing；2007，pp. 1-71.

[2] Hussein T，Dal Maso M，Petaja T，Koponen IK，Paatero P，Aalto PP，et al. Evaluation of an automatic algorithm for fitting the particle number size distributions[J]. Boreal Environment Research，2005，10（5）：337-355.

[3] TSI. User Manual Book（Model 3221）[M].

[4] TSI. User Manual Book（Model 3936）[M].

[5] TSI. User Manual Book（Model 3775）[M].

[6] Thermo. 5012 型多角度吸收光度计操作手册[M].

[7] Magee. 黑碳仪用户手册[M].

[8] Appel BR，Colodny P，Wesolowski JJ. Analysis of Carbonaceous Materials in

Southern-California Atmospheric Aerosols[J]. Environmental Science & Technology，1976，10（4）：359-363.

[9] Chow JC，Watson JG，Crow D，Lowenthal DH，Merrifield T. Comparison of IMPROVE and NIOSH carbon measurements[J]. Aerosol Science and Technology，2001，34（1）：23-34.

[10] Thrane KE ， Mikalsen A. High-Volume Sampling Of Airborne Polycyclic Aromatic-Hydrocarbons Using Glass-Fiber Filters And Polyurethane Foam[J]. Atmospheric Environment，1981，15（6）：909-918.

[11] Turpin BJ，Saxena P，Andrews E. Measuring and simulating particulate organics in the atmosphere：problems and prospects[J]. Atmospheric Environment，2000，34（18）：2983-3013.

[12] Eatough DJ，Tang H，Cui W，Machir J. Determination of the Size Distribution and Chemical-Composition of Fine Particulate Semivolatile Organic Material in Urban Environments Using Diffusion Denuder Technology[J]. Inhalation Toxicology，1995，7（5）：691-710.

[13] Chow JC. Measurement Methods to Determine Compliance with Ambient Air-Quality Standards for Suspended Particles[J]. Journal of the Air & Waste Management Association，1995，45（5）：320-382.

[14] Chow JC，Watson JG，Fujita EM，Lu ZQ，Lawson DR，Ashbaugh LL. Temporal and Spatial Variations of Pm（2.5）and Pm（10）Aerosol in the Southern California Air-Quality Study[J]. Atmospheric Environment，1994，28（12）：2061-2080.

[15] Eatough DJ，Wadsworth A，Eatough DA，Crawford JW，Hansen LD，Lewis EA. A Multiple-System ， Multichannel Diffusion Denuder Sampler for the Determination of Fine-Particulate Organic Material in the Atmosphere[J]. Atmospheric Environment Part a-General Topics，1993，27（8）：1213-1219.

[16] Mcdow SR，Huntzicker JJ. Vapor Adsorption Artifact in the Sampling of Organic Aerosol - Face Velocity Effects[J]. Atmospheric Environment Part a-General Topics，1990，24（10）：2563-2571.

[17] Turpin BJ，Huntzicker JJ，Hering SV. Investigation of Organic Aerosol Sampling Artifacts in

the Los-Angeles Basin[J]. Atmospheric Environment, 1994, 28（19）: 3061-3071.

[18] Tang H, Lewis EA, Eatough DJ, Burton RM, Farber RJ. Determination of the Particle-Size Distribution and Chemical-Composition of Semivolatile Organic-Compounds in Atmospheric Fine Particles with a Diffusion Denuder Sampling System[J]. Atmospheric Environment, 1994, 28（5）: 939-947.

[19] Kirchstetter TW, Corrigan CE, Novakov T. Laboratory and field investigation of the adsorption of gaseous organic compounds onto quartz filters[J]. Atmospheric Environment, 2001, 35（9）: 1663-1671.

[20] Chow JC, Watson JG, Lu ZQ, Lowenthal DH, Frazier CA, Solomon PA, et al. Descriptive analysis of Pm（2.5）and Pm（10）at regionally representative locations during SJVAQS/AUSPEX[J]. Atmospheric Environment, 1996, 30（12）: 2079-2112.

[21] Mader BT, Pankow JF. Gas/solid partitioning of semivolatile organic compounds（SOCs）to air filters. 2. Partitioning of polychlorinated dibenzodioxins, polychlorinated dibenzofurans, and polycyclic aromatic hydrocarbons to quartz fiber filters[J]. Atmospheric Environment, 2001, 35（7）: 1217-1223.

[22] Huebert BJ, Charlson RJ. Uncertainties in data on organic aerosols[J]. Tellus Series B-Chemical and Physical Meteorology, 2000, 52（5）: 1249-1255.

[23] Eatough DJ, Eatough NL, Pang Y, Sizemore S, Kirchstetter TW, Novakov T, et al. Semivolatile particulate organic material in southern Africa during SAFARI 2000[J]. Journal of Geophysical Research-Atmospheres, 2003, 108（D13）.

[24] Kamens RM, Coe DL. A large gas-phase stripping device to investigate rates of PAH evaporation from airborne diesel soot particles[J]. Environmental Science & Technology, 1997, 31（6）: 1830-1833.

[25] Smith DJT, Harrison RM. Concentrations, trends and vehicle source profile of polynuclear aromatic hydrocarbons in the UK atmosphere[J]. Atmospheric Environment, 1996, 30（14）: 2513-2525.

[26] McMurry PH. A review of atmospheric aerosol measurements[J]. Atmospheric Environment, 2000, 34（12-14）: 1959-1999.

[27] Gundel LA，Lee VC，Mahanama KRR，Stevens RK，Daisey JM. Direct Determination of the Phase Distributions of Semivolatile Polycyclic Aromatic-Hydrocarbons Using Annular Denuders[J]. Atmospheric Environment，1995，29（14）：1719-1733.

[28] Tsai YI，Cheng MT. Visibility and aerosol chemical compositions near the coastal area in Central Taiwan[J]. Science of the Total Environment，1999，231（1）：37-51.

[29] Cachier H，Bremond MP，Buatmenard P. Carbonaceous Aerosols from Different Tropical Biomass Burning Sources[J]. Nature，1989，340（6232）：371-373.

[30] Ellis EC，Novakov T，Zeldin MD. Thermal Characterization of Organic Aerosols[J]. Science of the Total Environment，1984，36（Jun）：261-270.

[31] Turpin BJ，Cary RA，Huntzicker JJ. An Insitu，Time-Resolved Analyzer for Aerosol Organic and Elemental Carbon[J]. Aerosol Science and Technology，1990，12（1）：161-171.

[32] Cadle SH，Groblicki PJ，Stroup DP. Automated Carbon Analyzer for Particulate Samples[J]. Analytical Chemistry，1980，52（13）：2201-2206.

[33] Chow JC，Watson JG，Ashbaugh LL，Magliano KL. Similarities and differences in PM_{10} chemical source profiles for geological dust from the San Joaquin Valley，California[J]. Atmospheric Environment，2003，37（9-10）：1317-1340.

[34] Gray HA，Cass GR，Huntzicker JJ，Heyerdahl EK，Rau JA. Characteristics of Atmospheric Organic and Elemental Carbon Particle Concentrations in Los-Angeles[J]. Environmental Science & Technology，1986，20（6）：580-589.

[35] 邵敏，唐孝炎. 加速器质谱计方法在大气甲烷研究中的应用[J]. 同位素，1994（3）：187-1891.

[36] 邵敏，李金龙，唐孝炎. AMS 方法在大气气溶胶来源研究中的应用[J]. 环境科学学报，1996（2）：130-141.

[37] Hildemann L，Klinedinst DB，Klouda GA，Currie LA，Cass GR. Sources of urban contemporary carbon aerosol[J]. Environmental Science and Technology，1994a，28：1565-1576.

[38] 邵敏，李金龙，唐孝炎，汪建军，郭之虞，刘克新，鲁向阳，李斌，李坤. 大气气溶胶含碳组分的来源研究——加速器质谱法[J]. 核化学与放射化学，1996（4）：234-238.

[39] Blando JD，Porcja RJ，Li TH，Bowman D，Lioy PJ，Turpin BJ. Secondary formation and the Smoky Mountain organic aerosol：An examination of aerosol polarity and functional group composition during SEAVS[J]. Environmental Science & Technology，1998，32（5）：604-613.

[40] Mastral AM，Callen MS. A review an polycyclic aromatic hydrocarbon（PAH）emissions from energy generation[J]. Environmental Science & Technology，2000，34（15）：3051-3057.

[41] Fine PM，Chakrabarti B，Krudysz M，Schauer JJ，Sioutas C. Diurnal variations of individual organic compound constituents of ultrafine and accumulation mode particulate matter in the Los Angeles basin[J]. Environmental Science & Technology，2004，38（5）：1296-1304.

[42] Nolte CG，Schauer JJ，Cass GR，Simoneit BRT. Highly polar organic compounds present in wood smoke and in the ambient atmosphere[J]. Environmental Science & Technology，2001，35（10）：1912-1919.

[43] Nolte CG，Schauer JJ，Cass GR，Simoneit BRT. Trimethylsilyl derivatives of organic compounds in source samples and in atmospheric fine particulate matter[J]. Environmental Science & Technology，2002，36（20）：4273-4281.

[44] 江桂斌. 环境样品前处理技术[M]. 北京：化学工业出版社，2004.

[45] Heemken OP，Theobald N，Wenclawiak BW. Comparison of ASE and SFE with Soxhlet，sonication，and methanolic saponification extractions for the determination of organic micropollutants in marine particulate matter[J]. Analytical Chemistry，1997，69（11）：2171-2180.

[46] Dean JR，Xiong GH. Extraction of organic pollutants from environmental matrices：selection of extraction technique[J]. Trac-Trends In Analytical Chemistry，2000，19（9）：553-564.

[47] 王立，汪正范，牟世芬，丁晓静. 色谱分析样品处理[M]. 北京：化学工业出版社，2001.

[48] Mazurek MA，Simoneit BRT. Characterization of Biogenic And Petroleum Derived Organic-Matter In Aerosols Over Remote，Rural And Urban Areas[J]. Abstracts of Papers of The American Chemical Society，1982，184（SEP）：83-ENVR.

[49] Mazurek MA，Cass GR，Simoneit BRT. Interpretation of High-Resolution Gas-Chromatography And High-Resolution Gas-Chromatography Mass-Spectrometry Data

Acquired From Atmospheric Organic Aerosol Samples[J]. Aerosol Science And Technology，1989，10（2）：408-420.

[50] Brown SG，Herckes P，Ashbaugh L，Hannigan MP，Kreidenweis SM，Collett JL. Characterization of organic aerosol in Big Bend National Park，Texas[J]. Atmospheric Environment，2002，36（38）：5807-5818.

[51] Glastrup J. Diazomethane preparation for gas chromatographic analysis[J]. Journal of Chromatography A，1998，827（1）：133-136.

[52] 何凌燕，胡敏，黄晓峰，张远航. 北京大气气溶胶 $PM_{2.5}$ 中极性有机化合物的测定[J]. 环境科学，2004，25（5）：15-20.

[53] Zheng M，Wan TSM，Fang M，Wang F. Characterization of the non-volatile organic compounds in the aerosols of Hong Kong - Identification，abundance and origin[J]. Atmospheric Environment，1997，31（2）：227-237.

[54] Simoneit BRT，Mazurek MA. Organic-Matter of The Troposphere .2. Natural Background of Biogenic Lipid Matter In Aerosols Over The Rural Western United-States[J]. Atmospheric Environment，1982，16（9）：2139-2159.

[55] Guo ZG，Sheng LF，Feng JL，Fang M. Seasonal variation of solvent extractable organic compounds in the aerosols in Qingdao，China[J]. Atmospheric Environment，2003，37（13）：1825-1834.

[56] Didyk BM，Simoneit BRT，Pezoa LA，Riveros ML，Flores AA. Urban aerosol particles of Santiago，Chile：organic content and molecular characterization[J]. Atmospheric Environment，2000，34（8）：1167-1179.

[57] Simoneit BRT，Cardoso JN，Robinson N. An Assessment of Terrestrial Higher Molecular-Weight Lipid Compounds In Aerosol Particulate Matter Over The South-Atlantic From About 30-Degrees-S-70-Degrees-S[J]. Chemosphere，1991，23（4）：447-465.

[58] Simoneit BRT，Sheng GY，Chen XJ，Fu JM，Zhang J，Xu YP. Molecular Marker Study of Extractable Organic-Matter In Aerosols From Urban Areas of China[J]. Atmospheric Environment Part A-General Topics，1991，25（10）：2111-2129.

[59] Simoneit BRT，Crisp PT，Mazurek MA，Standley LJ. Composition of Extractable

Organic-Matter of Aerosols From The Blue Mountains And Southeast Coast of Australia[J]. Environment International，1991，17（5）：405-419.

[60] Vorbeck ML，Mattick LR，Lee FA，Pederson CS. Preparation of methyl esters of fatty acids for gas-liquid chromatography[J]. Analytical Chemistry，1961：1512-1514.

[61] Blau K，Halket J. Handbook for derivatives for chromatography[M]. 2nd ed. New York：John Wiley & Sons；1993.

[62] Zdrahal Z，Oliveira J，Vermeylen R，Claeys M，Maenhaut W. Improved method for quantifying levoglucosan and related monosaccharide anhydrides in atmospheric aerosols and application to samples from urban and tropical locations[J]. Environmental Science & Technology，2002，36（4）：747-753.

[63] Zheng M，Fang M，Wang F，To KL. Characterization of the solvent extractable organic compounds in PM2.5 aerosols in Hong Kong[J]. Atmospheric Environment，2000，34（17）：2691-2702.

[64] Nolte CG，Schauer JJ，Cass GR，Simoneit BRT. Highly polar organic compounds present in meat smoke[J]. Environmental Science & Technology，1999，33（19）：3313-3316.

[65] 朱先磊，张元勋，祝斌，邵敏，曾立民，张远航，等. 秸秆燃烧产生的颗粒物中有机示踪物的分析方法[J]. 环境化学，2006，25（1）：96-100.

[66] 祝斌. 农作物秸秆燃烧排放 $PM_{2.5}$ 特征的研究[D]. 北京大学，2004.

[67] 傅若农. 色谱分析概论[M]. 北京：化学工业出版社，2000.

[68] 汪正范. 色谱定性与定量[M]. 北京：化学工业出版社，2000.

[69] 何凌燕. 城市大气颗粒物有机化学组成及变化特征研究[D]. 北京大学，2003.

[70] 汪正范，杨树民，吴侔天，岳卫华. 色谱联用技术[M]. 北京：化学工业出版社，2001.

[71] Hunt DF，McEwen CN，Harvey TM. Positive And Negative Chemical Ionization Mass-Spectrometry Using A Townsend Discharge Ion-Source[J]. Analytical Chemistry，1975，47（11）：1730-1734.

[72] Newton DL，Erickson MD，Tomer KB，Pellizzari ED，Gentry P，Zweidinger RB. Identification of Nitroaromatics In Diesel Exhaust Particulate Using Gas-Chromatography Negative-Ion Chemical Ionization Mass-Spectrometry And Other Techniques[J].

Environmental Science & Technology，1982，16（4）：206-213.

[73] Stolzenburg MR，Hering SV. Method for the automated measurement of fine particle nitrate in the atmosphere[J]. Environmental Science & Technology，2000，34（5）：907-914.

[74] Wittig AE，Takahama S，Khlystov AY，Pandis SN，Hering S，Kirby B，et al. Semi-continuous $PM_{2.5}$ inorganic composition measurements during the Pittsburgh air quality study[J]. Atmospheric Environment，2004，38（20）：3201-3213.

[75] Khlystov A，Wyers GP，Slanina J. The Steam-Jet Aerosol Collector[J]. Atmospheric Environment，1995，29（17）：2229-2234.

[76] Weber RJ，Orsini D，Daun Y，Lee YN，Klotz PJ，Brechtel F. A particle-into-liquid collector for rapid measurement of aerosol bulk chemical composition[J]. Aerosol Science and Technology，2001，35（3）：718-727.

[77] Slanina J，Brink HM，Otjes RP，Even A，Jongejan P，Khlystov A，et al. The continuous analysis of nitrate and ammonium in aerosols by the steam jet aerosol collector（SJAC）：extension and validation of the methodology[J]. Atmospheric Environment，2001，35（13）：2319-2330.

[78] Al-Horr R，Samanta G，Dasgupta PK. A continuous analyzer for soluble anionic constituents and ammonium in atmospheric particulate matter[J]. Environmental Science & Technology，2003，37（24）：5711-5720.

[79] Stolzenburg MR，Dutcher DD，Kirby BW，Hering SV. Automated measurement of the size and concentration of airborne particulate nitrate[J]. Aerosol Science and Technology，2003，37（7）：537-546.

[80] Millstein DE，Harley RA，Hering SV. Weekly cycles in fine particulate nitrate[J]. Atmospheric Environment，2008，42（4）：632-641.

[81] Chow JC，Doraiswamy P，Watson JG，Antony-Chen LW，Ho SSH，Sodeman DA. Advances in integrated and continuous measurements for particle mass and chemical，composition[J]. Journal of the Air & Waste Management Association，2008，58（2）：141-163.

[82] Schneider J，Borrmann S，Wollny AG，Blasner M，Mihalopoulos N，Oikonomou K，et al. Online mass spectrometric aerosol measurements during the MINOS campaign（Crete，

August 2001）[J]. Atmospheric Chemistry and Physics，2004，4：65-80.

[83] Drewnick F，Hings SS，DeCarlo P，Jayne JT，Gonin M，Fuhrer K，et al. A new time-of-flight aerosol mass spectrometer（TOF-AMS）- Instrument description and first field deployment[J]. Aerosol Science and Technology，2005，39（7）：637-658.

[84] Orsini DA，Ma YL，Sullivan A，Sierau B，Baumann K，Weber RJ. Refinements to the particle-into-liquid sampler （PILS） for ground and airborne measurements of water soluble aerosol composition[J]. Atmospheric Environment，2003，37（9-10）：1243-1259.

[85] Weber R，Orsini D，Duan Y，Baumann K，Kiang CS，Chameides W，et al. Intercomparison of near real time monitors of $PM_{2.5}$ nitrate and sulfate at the US Environmental Protection Agency Atlanta Supersite[J]. Journal of Geophysical Research-Atmospheres，2003，108（D7）.

[86] 刘广仁，王跃思，温天雪，等. 大气细粒子的快速捕集及化学成分在线分析方法研究[J]. 环境污染治理技术与设备，2002，（11）：10-14.

[87] 罗志明. 大气气态污染物和气溶胶连续收集与在线分析装置的研制及应用[D]. 北京大学，2006.

[88] 顾建伟. 气溶胶水溶性离子和相关气体的变化规律研究[D]. 北京大学，2008.

4

我国沿海大气污染特征

空气污染物远距离跨国界输送及相关科学问题需要高度重视，并开展深入细致的前瞻性研究。这些研究包括弄清东亚地区空气污染物长距离输送转化特征，了解东亚地区重要空气污染物的来源及其对人体健康和生态环境的重要影响，特别是要强化重要空气污染物排放源清单的调查和东亚地区重要空气污染物长距离输送的模拟计算以及各方结果的对比，同时要积极开展和推动酸沉降临界负荷的计算和研究，从而为我国制定相关的环境外交政策提供基础数据和技术支持。

环保公益性行业科研专项项目重大项目"东亚地区大气污染物跨界输送及其相互影响与应对策略研究"（201009002），由北京大学负责，中国环境科学研究院、中国环境监测总站、清华大学和中国科学院大气物理所共同参与。本项目设立"重要空气污染物污染特征及分布规律"，由北京大学负责。本研究开展了基于地面—航海—航空—卫星的"中国东部沿海区域大气污染综合观测"，采用国际上先进的观测仪器设备（如高分辨率气溶胶质谱、颗粒物数谱全谱等），首次全面系统地对我国沿海及近海地区主要污染物空间（水平和垂直）分布、污染特征以及长距离传输进行研究。

4.1 观测平台

为研究亚洲沿海地区尤其是东亚沿海地区主要污染物特征及分布规律，开展了名为"我国东部沿海地区大气污染综合观测"（Campaign of Air Pollution At INshore Areas of Eastern China，CAPTAIN）的大型野外立体观测研究。基于多种观测平台，包括地面大型综合观测、航海观测、航空观测和卫星遥感等，采用国际上先进的观测仪器设备，全面系统地对东亚地区主要污染物在水平和垂直方向的特征及分布进行研究。

在 CAPTAIN 大型观测中，观测时间选择在春季，主导风向从我国内陆向海上传输的时段，在主要传输路径上选择沿海区域点和内陆区域点两个加强观测站，同时考虑我国南方和北方的差异，设置南北两个超级观测站。利用目前国际上最先进的原位在线观测仪器，对东亚主要大气污染物进行观测；与此同时，对我国黄海和东海近海地区进行同期走航观测。

　　长岛（120.74°E，37.92°N）位于胶东和辽东半岛之间，黄海、渤海交汇处，东与韩国、日本隔海相望，如图4-1中紫色星号所示。每年4—8月受海洋气流控制，盛吹东南、西南风，气候温暖湿润。自9、10月至翌年2、3月受大陆气流控制，盛吹北、西北风，干旱寒冷。长岛岛屿面积约 22 km²，人口数约为 9 000，以农业和旅游业为主，无重工业。观测站点位于长岛最北部的一个山顶，距离地面约 50 m，周围无高山阻挡。东、北和西三面临海，南面以耕地为主，山顶周围公路机动车较少[1]。观测时间为 2011 年 3 月 20 日至4 月 24 日。

　　温岭（121.74°E，28.43°N）地处浙江东南沿海台州湾以南，如图 4-1 中红

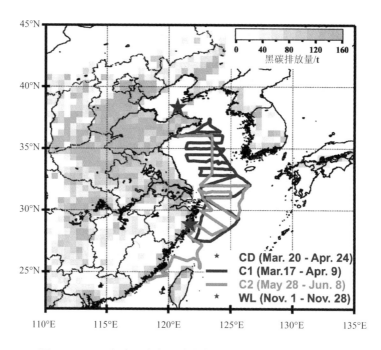

图 4-1　2011 年中国东部沿海大气观测的站点和船走航航线

注：地图的陆地颜色表示 2010 年 BC 的月均排放量（中国台湾和朝鲜、韩国、日本的数据为 INTEX-B 2006 年排放量的月均值）。

数据来源：http：//www.meicmodel.org，http：//mic.greenresource.cn/intex-b2006/。

色星号所示。市境北界台州黄岩区、路桥区，南接玉环县，西邻乐清市，东、东南和西南三面濒海，东临东海和太平洋，东南近披山洋，西南接乐清湾。温岭属于中亚热带季风气候，受海洋性气候影响明显，气候温和，四季分明，温湿适中，热量充裕，雨量充沛，光照适宜，无霜期长。全年主导风向为东北风。观测站点位于温岭开发区管理委员会的空地上，周围无明显局地源排放，观测时间为 2011 年 11 月 1—28 日。

两次船走航的观测日期分别是 2011 年 3 月 17 日至 4 月 9 日和 5 月 25 日至 6 月 9 日，航行里程分别是 3 200 海里和 2 500 海里。观测人员和仪器搭载于中国海洋大学"东方红 2"海洋科学调查船。如图 4-1 所示，第一次船走航（C1）于 2011 年 3 月 17 日自青岛出发，3 月 27 日到达本航次航线的最南端温州后折返，4 月 9 日返回青岛（蓝色航线），横跨 120～127°E 之间，纵跨 27～38°N 之间。第二次船走航（C2）于 2011 年 5 月 28 日从厦门出发，6 月 8 日到达青岛（绿色航线），横跨 118～127°E 之间，纵跨 24～37°N 之间。

4.2 我国沿海大气颗粒物的总体特征

4.2.1 观测期间的风场和污染物浓度

风是大气污染物传输的动力。从大尺度上认识风场分布特征着眼，可以在一定程度上帮助我们认清气团是否来自高排放量地区，对受体点污染物浓度水平的影响。由两个沿海地面站点以及两次近海走航的颗粒物和气态污染物浓度水平的比较，初步梳理中国东部沿海南北站点的污染差异以及陆源污染物对近海的影响。

4.2.1.1 观测期间的风场

长岛、第一次船走航、第二次船走航和温岭观测期间的平均风场如图 4-2 所示。东亚由于海陆差异明显，有着显著的季风气候，冬春盛行西北方向的冬季风，夏秋盛行西南方向的夏季风。对于长岛和第一次船走航，3、4 月份处于

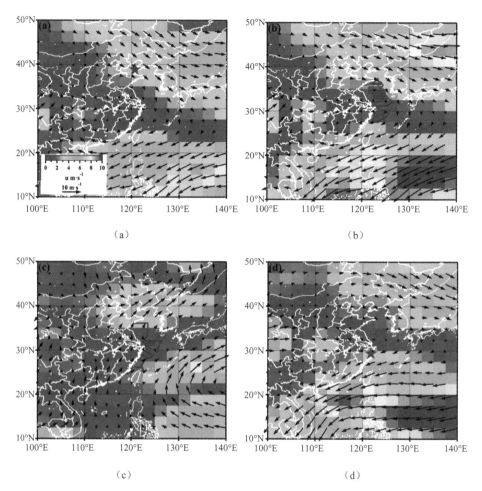

图 4-2　长岛（a）、第一次船走航（b）、第二次船走航（c）和温岭
（d）观测期间 925mbar 大气压高度的平均风场

注：颜色表示风矢量在经度方向的分量的大小。

数据来源：http：//www.esrl.noaa.gov/ psd/data/composites/day/。

东亚冬季风到夏季风的过渡期[图 4-2（a）、（b）]，在该时期中国东部沿海仍然
受到中等强度的东亚冬季风的影响，表现为处于中纬度地区（30～50°N）的中
国北方（包括长岛）、黄海和东海盛行西北风，而在亚热带地区的中国东南方和
南海则盛行偏东风，并且陆地的风速明显弱于海面。虽然温岭观测时间处于由

东亚夏季风到冬季风的过渡期[图 4-2（d）]，正好与长岛、第一次船走航期间相反，但是温岭观测期间的大气环流与长岛、第一次走航期间却较为接近，特别是温岭和第一次走航期间极为接近（长岛的观测时间长于第一次船走航），这表明温岭观测期间冬季风渐强，处于夏季风向冬季风过渡的时期，而在长岛和第一次船走航期间则是冬季风渐弱。在 5 月末 6 月初的第二次船走航期间夏季风渐强[图 4-2（c）]，中国东部沿海盛行西南风。

4.2.1.2 观测期间污染物的总体浓度

观测期间污染物的总体水平和平均浓度如图 4-3 和表 4-1 所示。沿海站点和近海的污染物浓度相比，沿海站点气态和颗粒态污染物的平均浓度高于近海。长岛一次污染物 BC、SO_2、CO 的平均浓度分别是 2.5 $\mu g/m^3$、9.4 ppb、0.55 ppm，是同期的第一次走航期间黄海（C1-YS）的 2.2 倍、4.2 倍、1.8 倍，东海（C1-ES）的 2.6 倍、2.7 倍、1.6 倍。长岛二次无机组分 SO_4^{2-} 和 NH_4^+ 平均浓度与 C1-YS、C1-ES 相差无多，分别在 9.0 $\mu g/m^3$ 和 5.0 $\mu g/m^3$ 左右。NO_3^- 平均浓度为 12 $\mu g/m^3$，是 C1-YS 和 C1-ES 的 2.4 倍和 3.8 倍。OA 平均浓度（13 $\mu g/m^3$）仅是 C1-YS 和 C1-ES 的 1.2 倍和 1.8 倍。

观测期间，温岭一次污染物 BC、SO_2、CO 的平均浓度分别是 2.8 $\mu g/m^3$、4.0 ppb、0.50 ppm，是同区的 C1-ES 的 3.0 倍、1.1 倍、1.5 倍，第二次走航期间东海（C2-ES）的 3.7 倍、3.6 倍、1.9 倍。温岭二次无机组分 SO_4^{2-} 和 NH_4^+ 平均浓度分别是 8.7 $\mu g/m^3$ 和 5.0 $\mu g/m^3$，与 C1-ES 相近，是 C2-ES 的 1.9 倍和 2.6 倍。温岭 NO_3^- 平均浓度为 5.7 $\mu g/m^3$，是 C1-ES 的 1.8 倍，C2-ES 浓度仅为 0.24 $\mu g/m^3$，仅是温岭的 1/24。OA 平均浓度（14 $\mu g/m^3$）是 C1-ES 和 C2-ES 的 1.9 倍和 3.9 倍。温岭与冬季风和夏季风期间的东海污染物浓度差异的不同，进一步表明温岭观测期间处于夏季风向冬季风的过渡期。

沿海站点和近海大气的浓度差异显然是由陆源污染物向中国东部沿海传输造成的，表明陆源污染物对中国东部沿海大气的影响是显著的。浓度差异的大小则由不同污染物的大气寿命决定，突出表现在寿命较短的 NO_3^- 的沿海站点和近海浓度差异都大于对应的 SO_4^{2-} 和 NH_4^+。唯一例外的是，O_3 平均浓度却是近海高于沿海，C1-YS、C1-ES 和 C2-ES 的 O_3 浓度一直居高不下，平均浓度分别为 55 ppb、56 ppb 和 50 ppb，而且高于沿海站点长岛（44 ppb）和温岭（26 ppb）。但是，这一特征同样是由陆源污染物对沿海大气的强烈影响造成的。

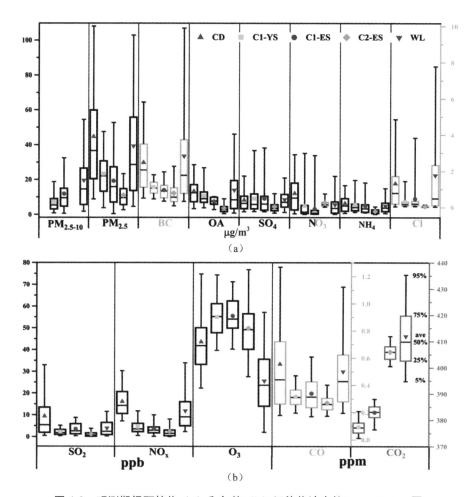

图 4-3　观测期间颗粒物（a）和气体（b）污染物浓度的 box-whisker 图

注：box-whisker 图的意义标示于温岭 CO_2 的右侧（ave：平均值；带%的数字表示对应的百分位数）。图（a）中 BC、Cl 和 C2-ES 的 NO_3^- 对应的是紫色 y 轴；图（b）中 CO 对应的是紫色 y 轴，CO_2 对应的是红色 y 轴。

表 4-1　观测期间颗粒物的平均质量浓度（±标准偏差，单位：μg/m³）和气体的平均浓度（±标准偏差，$SO_2/NO_x/O_3$ 单位：ppb；CO/CO_2 单位：ppm）

类别	CD	C1-YS	C1-ES	C2-ES	WL
$PM_{2.5-10}$	—	7.1±6.2	11.9±10.4	—	19.7±19.9
$PM_{2.5}$	44.7±32.4	23.2±14.4	19.3±15.1	10.9±6.8	39.4±33.4
BC	2.5±1.7	1.1±0.5	0.9±0.5	0.8±0.7	2.8±2.9
OA	13.3±8.2	10.7±5.8	7.5±2.4	3.6±2.6	14.1±14.9
SO_4^{2-}	8.3±7.2	9.1±9.2	9.2±10.5	4.5±3.2	8.7±6.4
NO_3^-	12.2±11.8	5.0±9.4	3.2±8.6	0.2±0.3	5.7±7.1
NH_4^+	6.5±5.9	5.7±5.1	5.1±4.8	1.9±1.3	5.0±4.4
Cl^-	1.3±1.6	0.3±0.4	0.5±0.9	0.1±0.0	1.8±2.6
SO_2	9.4±10.5	2.2±1.6	3.5±2.7	1.1±1.3	4.0±3.8
NO_x	16.1±7.3	4.5±3.4	3.6±3.4	2.4±2.8	11.9±9.5
O_3	44±15	55±11	56±10	50±14	26±16
CO	0.55±0.42	0.31±0.08	0.34±0.13	0.27±0.07	0.50±0.29
CO_2	—	377±3	383±4	406±4	412±13

　　南北两个站点的污染物浓度相比，北方站点长岛的颗粒物变化范围、平均浓度与南方站点温岭相当[图 4-3（a）]，NO_3^- 的南北差异较大，气体平均浓度略高于温岭[图 4-3（b）]。不论是从一次气态污染物 SO_2、NO_x、CO 和二次气态污染物 O_3 的浓度来看（图 4-3 和表 4-1），还是从南北方的排放量（图 4-6）来看，显然一次排放源对长岛的影响强于温岭。两个站点的颗粒物浓度水平总体上相当，这可能是因为冬春交替季节的长岛气温（8.4℃±4.1℃）低于秋冬交替季节的温岭（21.3℃±1.9℃），从而导致长岛的二次生成较弱。长岛观测期间处于冬季风时期，气团经过中国北方污染物排放强度较高的源区，而温岭观测期间处于夏季风向冬季风的过渡期，气团经过中国南方污染物排放强度较低的源区，因此导致冬季风期间中国东部沿海大气受到的陆源影响强于夏季风向冬季风的过渡期。

两次船走航观测期间的污染物平均浓度相比，第一次走航的黄海高于第一次走航的东海，第一次走航的东海高于第二次走航的东海，这种变化与第一次走航期间由陆地而来的西北季风紧密相关。这种从沿海到近海的浓度变化特征很明显是由陆地人为源支配的。两次走航观测期间的东海污染物的平均浓度的差异是由冬季风和夏季风期间影响该海域的污染物源区不同造成的。因为第一次走航观测期间处于冬季风时期，而第二次走航观测期间处于夏季风时期，以及如前所述，温岭与冬季风期间东海的差异小于与夏季风期间东海的差异，因此冬季风期间陆源污染物对中国东部沿海大气的影响强于夏季风期间。

因为 AMS 或 ACSM 的蒸发器为 600℃ 时不足以气化 NaCl，因此仪器测量的是非海盐氯离子，它主要来自人为源[1]。第二次走航黄海或东海的 Cl⁻ 平均浓度接近于 0，小于长岛和温岭，第一次走航的 Cl⁻ 平均浓度虽然是由膜分析得到的，但平均浓度同样小于沿海站点。造成这种差别的原因显然是与近海相比，沿海的长岛、温岭更靠近源区，导致它们受到陆地人为源的影响程度强于近海。

从反映数据集中或分散程度的统计参数四分位距，又称四分差 IQR（interquartile range，$Q3$（75%分位数）与 $Q1$（25%分位数）之差来看，沿海站点的颗粒物和气态污染物的浓度变化范围高于近海，这是因为沿海站点更靠近污染物排放强度高的源区，当气团由该源区而来时受体点受到强烈的陆地人为源的影响，尤其是在容易造成重污染事件的极端天气条件下这种影响会更为强烈，而与由海洋而来的洁净气团的影响形成极大的反差。近海离污染物排放强度高的源区较远，经过源区的气团对近海的影响已经大为减弱，有时甚至可与由海洋而来的气团的影响相当。因此虽然观测期间中国近海位于这些地区的下风向，但是由于远离这些一次排放强烈的地区，两次走航的颗粒物浓度相对于其陆地的城市站点较低，而与乡村站点较为接近[2]。

对于大部分气态和颗粒态污染物，距离陆地源区越远，污染物浓度变化范围越小。但是近海的 O_3 并不符合这种浓度变化规律，而是表现为与其他污染物相反的浓度变化特征。近海的 O_3 浓度变化范围与沿海站点长岛、温岭相近，最小值高居不下，平均值高于长岛和温岭，是温岭的 2 倍[如图 4-3（b）和表 4-1 所示]。这是因为在与一次排放强烈的源区距离较近的范围内，由于 NO 的滴定作用，O₃ 浓度达不到很高的浓度，而如果到达偏远地区的气团是自污染物排放强度高的源区而来，则会带来较高浓度的 VOCs 和由 NO 氧化生成的 NO₂，并由光化学作用生成高浓度的 O₃。这是造成 O₃ 和其他污染物表现出的源区距离和污染物浓度变化关系的两种不同污染特征的原因。

长岛、温岭、两次船走航观测期间颗粒物化学组成的相对比例如图 4-4 所示。在沿海站点和近海，有机物在颗粒物中都占有很高的比重，在 28%～37% 之间。长岛和温岭的 SO₄²⁻ 比例分别是 19% 和 23%，低于 C1-YS、C1-ES 和 C2-ES 的 29%、35% 和 41%。NO₃⁻ 比例则是沿海站点低于近海，长岛和温岭分别是 28% 和 15%，C1-YS、C1-ES 和 C2-ES 分别为 17%、12% 和 2%。SO₄²⁻ 和 NO₃⁻ 在沿海和近海截然相反的比例差异反映了前者区域生成并可以较长距离传输的特性，而后者局地生成，并且传输距离不远的特性。近海 Cl⁻ 在颗粒物中的比例非常低，C1-YS 和 C2-ES 的比例只有不到 1%，C1-ES 也仅为 2%，而且都低于沿海站点的比例，表明 PM₂.₅ 或 PM₁ 中的 Cl⁻ 主要来自人为源而非海盐的贡献。BC、NH₄⁺ 在沿海和近海的比例较为接近。

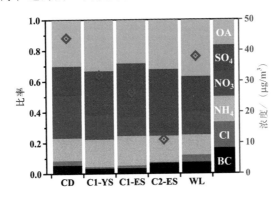

图 4-4　观测期间颗粒物的平均浓度（紫色菱形）和化学组成相对比例

第一次走航期间黄海和东海 SO₄²⁻ 和 NH₄⁺OA 占 PM₂.₅ 的比例分别为 80% 和 83%，高于同期的沿海站点长岛（64%）；第二次走航期间东海的比例为 90%，同样高于同区的沿海站点温岭（73%），且两次走航期间近海高于沿海站点的比例非常接近（16%～19%），这表明陆源颗粒物主要以二次颗粒物（硫酸盐、铵盐和有机物）的形式输出到近海。

与太平洋、大西洋等偏远海域相比[3]，中国近海在颗粒物总浓度上相差
1~2 个数量级，在化学组成相对比例上也相差很大，后者颗粒物主要来自海
洋自身，以有机物和硫酸盐为主。第二次走航东海的颗粒物化学组成相对比
例和受污染的偏远海域相近，虽然总浓度只有 11 μg/m³，但远高于受污染的
偏远海域。中国近海与其他偏远海域的这种差异进一步说明中国近海受到的
陆源影响之严重。

4.2.2　大气污染物的浓度分布特征

观测期间的风场分析有助于我们进一步对大气污染物浓度分布特征的分析。
由 box-whisker 图（图 4-3）得到的只是从中国东部沿海到近海的大气污染物浓度
的宏观比较，通过分析污染物沿船走航航线和不同经度的浓度分布，则可以得到
它们的空间分布特征和经度梯度分布特征，与沿海站点的比较就能更清楚地发现
陆源污染物到近海的浓度衰减特征，并可由反向轨迹的聚类分析加以验证。

4.2.2.1　近海污染物的空间分布特征

第一次走航和第二次走航观测期间的颗粒物和气态污染物的空间分布如
图 4-5、图 4-6、图 4-7 和图 4-8 所示。总体而言，在渐弱的冬季风和渐强的夏
季风作用下[图 4-2（b）和图 4-2（c）]，影响第一次走航和第二次走航观测期
间污染物浓度的源区分别来自中国北方和东南部（如图 4-5、图 4-6、图 4-7 和
图 4-8 所示的污染物排放量），北方一次污染物排放量大的地区是山东、河北、
北京和天津，东南部则是江苏、浙江和上海。

由于第一次走航期间盛行西北季风[图 4-2（b）]，而非正西风或正北风，
因此不管是在横向还是在斜向航线上，基本不存在非常明显的反映污染物在从
靠近中国陆地的海域传输到远离陆地的海域的过程中沿经度的浓度梯度特征
（图 4-5 和图 4-6）。第二次走航期间盛行西南季风[图 4-2（c）]，也非正西风或
正南风，但是第二次走航的东海航线的污染物浓度的经度梯度较为明显（图 4-7
和图 4-8）。通过对第一次走航和第二次走航期间每个经度或纬度内的污染物浓
度数据进行平均则可以发现更为明显的经度梯度（见 3.2.2）。

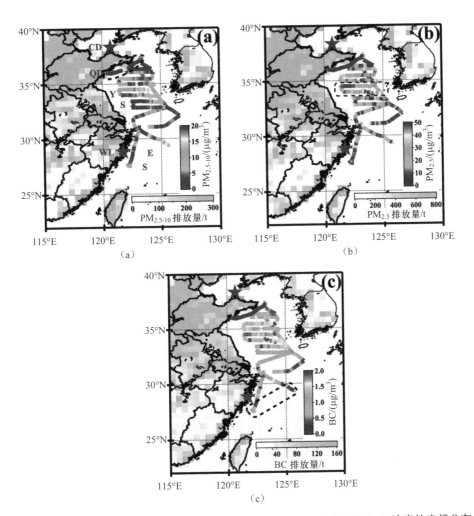

图 4-5　第一次走航观测期间颗粒物 PM$_{2.5-10}$（a），PM$_{2.5}$（b）和 BC（c）浓度的空间分布

注：地图的陆地颜色表示 2010 年 4 月各对应污染物在每个网格（0.5°×0.5°）的排放量（中国台湾和朝鲜、韩国、日本的数据为 INTEX-B 2006 年排放量的月均值）。

数据来源：http：//www.meicmodel.org，http：//mic.greenresource.cn/intex-b2006/。

　　在返回青岛（QD）前第一次走航经历了一次较为典型的污染事件[如图 4-5（a）中黑色虚线框所示]，该航段所对应的除 O$_3$ 外的其他污染物浓度都维持在较高的水平上，高于大部分的其他航段。该航段对应的时间范围内长岛的污染物平均浓度也高于长岛观测的其他时间，反向轨迹显示该污染事件发生期间青岛近海和长岛的气团来向一致，均来自西北方向。

图 4-6（a）中的黑色虚线框对应的是一次很典型的随纬度的减少和经度的增加，SO_2 浓度逐渐降低的过程，即污染物浓度从陆地到海洋逐渐降低，说明近海污染物来自陆地排放源。除 $PM_{2.5}$ 外的其他污染物在该航段也大致表现出了这个特征，但不如 SO_2 典型。从反向轨迹来看，这个航段的气团是非常典型的西北季风长驱直入，而该航段的航向正好是从西北到东南，因此大多数的污染物表现出了浓度递减的趋势。但是，在 35°N 以南的两段横行航线[如图 4-5（b）中黑色虚线框所示]，从靠近中国陆地到接近韩国陆地的方向上，$PM_{2.5-10}$、$PM_{2.5}$、BC、SO_2 和 CO 的浓度却是逐渐升高的，因为第一次走航观测期间的主导风向是西北[图 4-2（b）]，因此该航线上的污染物浓度可能受到朝鲜、韩国甚至日本的影响，但是从这些污染物浓度的经度梯度的总体递减趋势来看（图 4-9、图 4-10 和图 4-11），中国东部沿海受到自身陆地排放源的影响强于周边国家对该海域的影响。

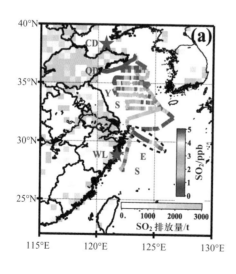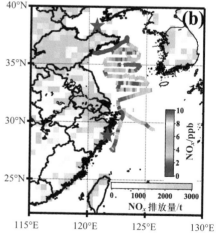

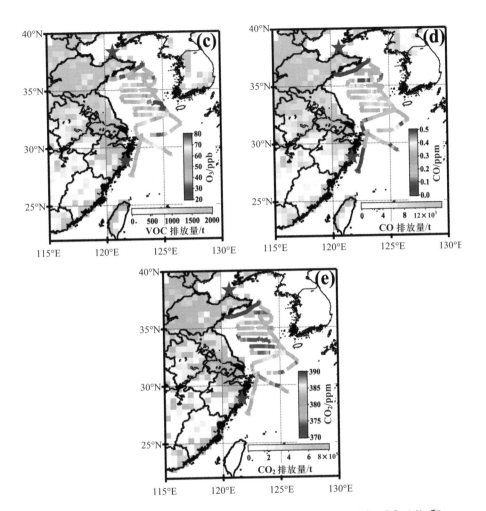

图 4-6 第一次走航观测期间气体 SO_2（a），NO_x（b），O_3（c），CO（d）和
CO_2（e）浓度的空间分布

注：地图的陆地颜色表示 2010 年 4 月各对应污染物在每个网格（0.5°×0.5°）的排放量（中国台湾和朝
鲜、韩国、日本的数据为 INTEX-B 2006 年排放量的月均值）。

数据来源：http：//www.meicmodel.org，http：//mic.greenresource.cn/intex-b2006/。

除了 CO_2，相比第一次走航，第二次走航的颗粒物和气体平均浓度较低。
第二次走航中有一半航段的 BC 浓度在 1 μg/m³ 以下。在靠近海岸的航段 SO_2

浓度基本大于 2 ppb，在远离海岸后则降至 1 ppb 以下。与第一次走航相似，大部分航段的 CO 浓度都在 0.2 ppm 以上，以及一半以上航段的 O_3 浓度也都在 40 ppb 以上。如图 4-3 和表 4-1 所示，第二次走航期间东海的 CO_2 浓度明显高于第一次走航，与沿海站点温岭接近。虽然第一次走航东海的 CO_2 浓度也高于黄海，但明显低于第二次走航东海的平均浓度。

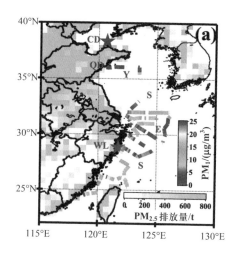
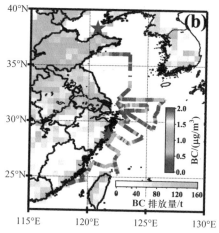
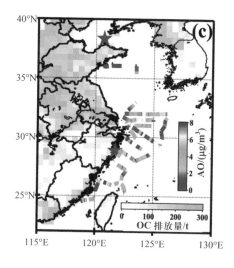
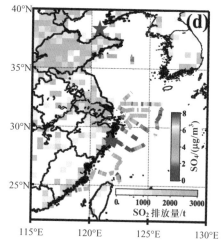

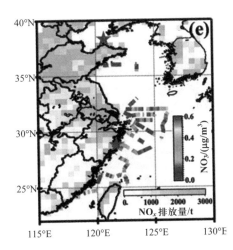

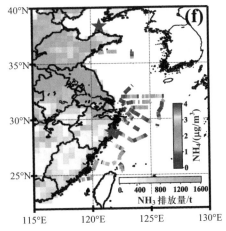

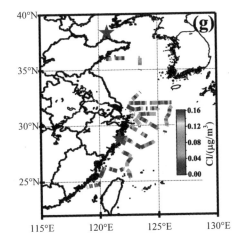

图 4-7　第二次走航观测期间颗粒物 PM_1（a），BC（b），OA（c），SO_4^{2-}（d），NO_3^-（e），

NH_4^+（f）和 Cl^-（g）浓度的空间分布

注：地图的陆地颜色表示 2010 年 6 月各对应污染物或其气态前体物在每个网格（0.5°×0.5°）的排放量
（中国台湾和朝鲜、韩国、日本的数据为 INTEX-B 2006 年排放量的月均值）。

数据来源：http：//www.meicmodel.org，http：//mic.greenresource.cn/intex-b2006/。

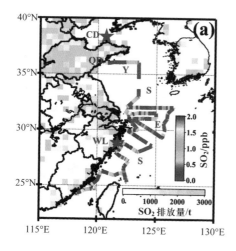

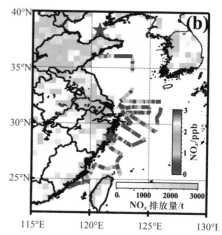

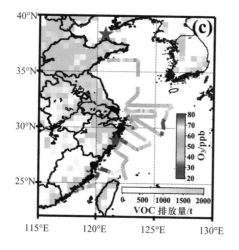

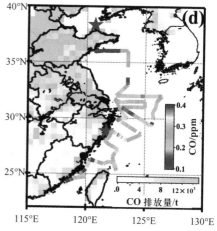

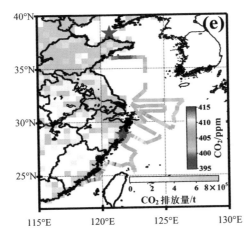

图 4-8　第二次走航观测期间气体 SO_2（a），NO_x（b），O_3（c），CO（d）和
CO_2（e）浓度的空间分布

注：地图的陆地颜色表示 2010 年 6 月各对应污染物在每个网格（0.5°×0.5°）的排放量（中国台湾和朝鲜、韩国、日本的数据为 INTEX-B 2006 年排放量的月均值）。

数据来源：http：//www.meicmodel.org，http：//mic.greenresource.cn/intex-b2006/。

4.2.2.2　近海污染物的梯度分布特征

通过对每个经度内的浓度求平均则可以探讨污染物浓度从靠近陆地的经度向远离陆地的经度逐渐衰减的特征。第一次走航、第二次走航和 2 次地面观测期间颗粒物和气态污染物的经度梯度分布如图 4-9 和图 4-10 所示，图中同时给出了线性回归拟合的结果，拟合得到的斜率和相关系数等结果则汇总在图 4-11，除第一次走航观测期间的 $PM_{2.5}$、OA、SO_4^{2-}、NO_3^-、NH_4^+ 和 Cl^- 来自采样膜的离线测量结果之外其他都为在线数据。经度分布的总体特征是：除了第一次走航的 O_3 和 CO_2，沿海站点的污染物浓度高于近海浓度，近海污染物总体上都随着经度的增加呈现出较为明显的递减趋势，这种梯度分布特征显然是由污染物或其前体物在季风主导下由陆地源区向近海传输这一固有规律决定的，与 VOCALS-Rex 观测到的沿海到远海的浓度梯度特征一致[4]。

粗粒子 $PM_{2.5-10}$ 表现出和其他污染物相同的递减梯度，表明粗粒子主要来自人为源，而非海洋源。粗粒子的来源主要为一次源，粗粒子和 BC 在近海的浓度仍然较高且经度梯度明显，表明近海受到陆地一次排放源的强烈影响。从

图 4-7 和图 4-8 可以看到，在一次颗粒物排放量较大的地区，作为二次颗粒物的气体前体物的排放量也较大，因此源区强烈的一次排放特征也会影响中国东部沿海大气的二次转化。

NO_3^- 大气寿命小于 SO_4^{2-} 和 NH_4^+，所以它在第一次走航的黄海的经度梯度表现为浓度迅速降低[图 4-10（f）]，在到达东海前浓度已经大为降低，第二次走航的 NO_3^- 在从中国东南源区到达东海前也经历浓度降低的过程，因此两者的斜率相当。

第一次走航东海的 OA 浓度表现出随经度增加而递增的趋势。如图 4-6（c）黑色虚线框所示的航段在整个 C1 观测期间受到的船尾气排放影响是最强烈、最持久的，其对应的在线数据已经剔除。虽然船尾气对颗粒物质量的影响很小[5]，但尾气中的半挥发性或挥发性有机物却有可能吸附到采样膜上，导致离线测量的 OC 偏大，因此 OA 必然偏大。在该航段采集的 3 个样品有一个位于 125～126°E 之间，在该经度区间也只有这一个样品数据。虽然该经度区间内 SO_4^{2-}、NO_3^-、NH_4^+ 和 OA 的这个数据存在着数据代表性的问题，但是由于前三者在船尾气中不可能瞬间生成，因此这三者仍然保持着一致的递减趋势[图 4-9（e）、（f）和（g）]，OA 则因为船尾气的影响反而表现出递增趋势[图 4-9（d）]。

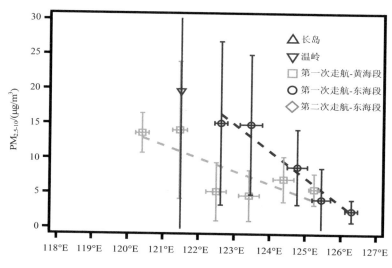

（a）

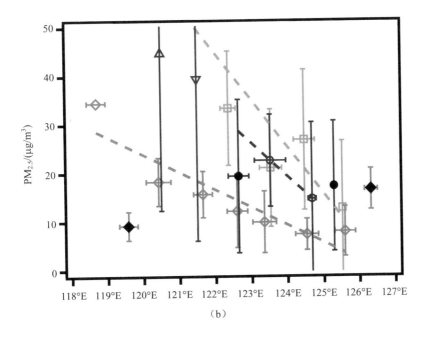

（b）

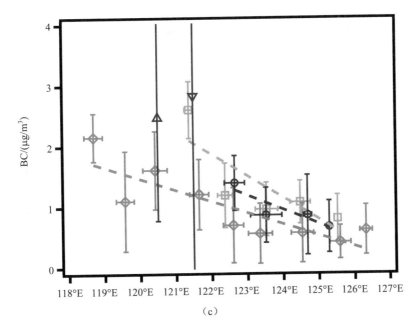

（c）

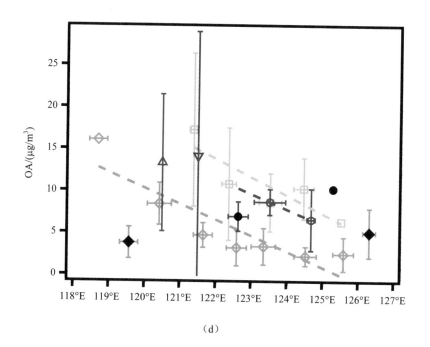

（d）

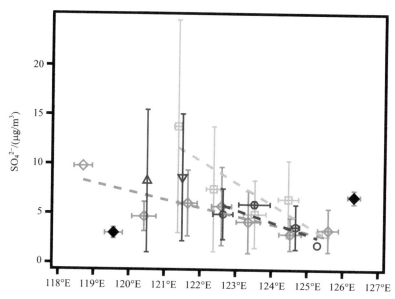

（e）

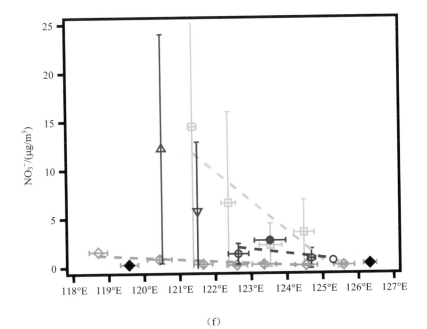

（f）

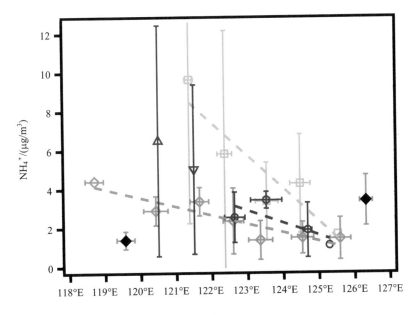

（g）

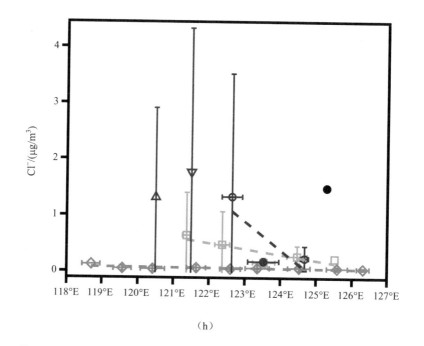

（h）

图4-9 第一次走航、第二次走航和2次地面观测期间颗粒物（PM$_{2.5-10}$（a），PM$_{2.5}$（b），BC（c），OA（d），SO$_4^{2-}$（e），NO$_3^-$（f），NH$_4^+$（g），Cl$^-$（h））浓度的经度梯度分布

注：图中虚线是线性回归分析的拟合结果，黑色实心点表示对应观测中未用于线性回归拟合的数据点。紫色三角和红色倒三角对应的是长岛和温岭的平均浓度和标准偏差。

　　由于冬夏季风的不同影响导致第一次走航各个经度上的污染物浓度高于对应的第二次走航浓度，但是O$_3$浓度在两次走航期间基本相同。过去十几年里在对东亚春季O$_3$的研究中也都观测或模拟得到了相近的高浓度O$_3$[6]。温岭O$_3$平均浓度比近海低很多，而长岛O$_3$浓度也仅与近海浓度相当，甚至略低于近海浓度，这说明沿海站点温岭比长岛受到更为强烈的一次源影响。这表明在陆地一次污染物排放量大的背景下，中国东部近海表现出了强的大气氧化性。

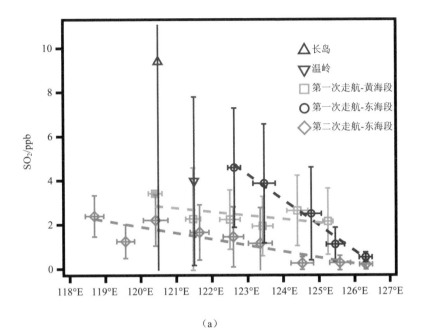

（a）

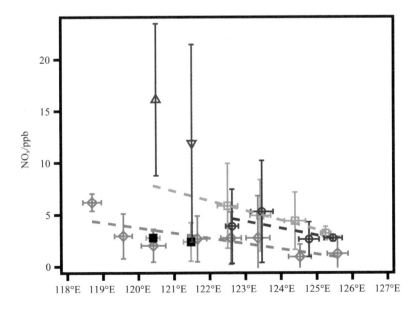

（b）

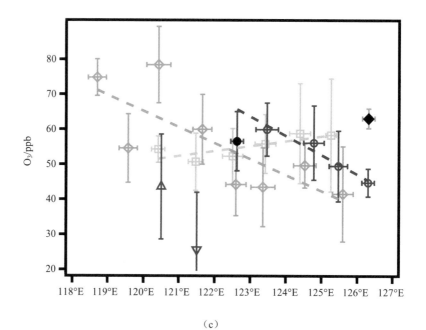

（c）

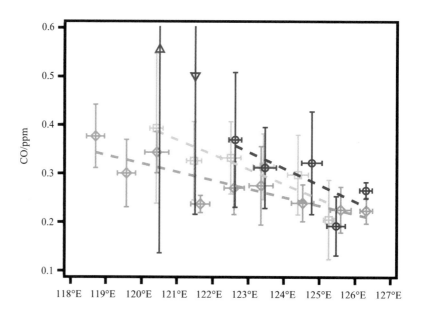

（d）

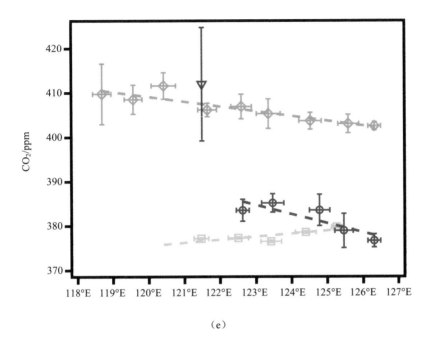

（e）

图 4-10　第一次走航、第二次走航和 2 次地面观测期间颗粒物气体 SO_2（a），NO_x（b），

O_3（c），CO（d），CO_2（e）浓度的经度梯度分布

注：图中虚线是线性回归分析的拟合结果，黑色实心点表示对应观测中未用于线性回归拟合的数据点。紫色三角和红色倒三角对应的是长岛和温岭的平均浓度和标准偏差。

近海大气的 O_3 浓度在两次走航中都普遍较高，第一次走航和第二次走航在各个经度的平均浓度都大于 40 ppb，而且只有第二次走航在 125～126°E 这个经度内的 O_3 浓度稍低于沿海站点长岛的浓度（43.6 ppb），其他经度都高于沿海站点，尤其是高于温岭点测得的 O_3 浓度（25.8 ppb）。冬季风期间第一次走航黄海的经度梯度不明显（O_3 不减反增），表明在西北季风作用下黄海受到北方源区较为均一的影响，但也可能是受到韩国或日本的影响。随着经度的增加，第二次走航的 O_3 浓度有升有降，总的趋势是降低的，与一次污染物随经度增加而递减的趋势有所差异。

在 126～127°E 经度区间所对应的走航观测期间距离中国大陆的最远海域，

除 CO 和 CO_2 之外的一次污染物浓度已接近于 0，这表明陆源一次污染物的影响范围主要在中国东部近海，对下风向的韩国、日本的影响可能微乎其微，但不排除在极端气象条件下一次污染物可能传输至韩国、日本甚至太平洋彼岸的北美大陆，影响这些地区的空气质量。二次无机物 SO_4^{2-} 和 NH_4^+ 以及有二次生成来源的 OA 在这一经度区间还有一定的浓度，平均浓度在 $1\sim5$ μg/m³ 之间，因此下风向地区仍然会受到陆源一次污染物排放后生成的二次颗粒物的影响。

同一污染物的浓度梯度分布的斜率大小基本为：C1-YS＜C1-ES＜C2-ES（图 4-11）。因为斜率为负值，所以斜率越小，衰减越快，即浓度衰减率越大。决定同一污染物浓度衰减率大小的因素主要是气象条件和源区排放量。第一次走航期间在西北季风主导下，黄海、东海大气污染物的源区主要位于中国北方，而东海与源区的距离远于黄海与源区的距离，传输到黄海的大气污染物或前体物在该海域开始衰减前的初始浓度必然大于东海，结果就是同一物种在 C1-YS 的衰减率大于 C1-ES。第二次走航期间西南季风盛行，东海污染物主要来自中国东南部，从图 4-7 和图 4-8 可以看到，南北方的污染物排放量相差显著，由此造成第一次走航期间的衰减快于第二次走航期间。

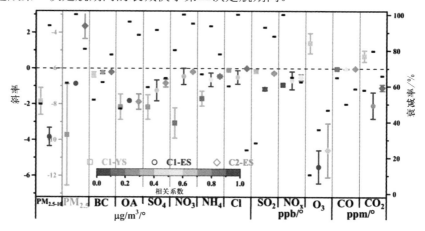

图 4-11　第一次走航和第二次走航观测期间大气污染物经度梯度分布的斜率

（±标准偏差，PM$_{2.5}$对应橙色纵坐标）

注：图中以颜色标示了线性回归拟合的相关系数（R^2）。黑色短线对应的是污染物传输至距离中国陆地最远时的衰减比例。

　　这里所用的 $PM_{2.5}$（PM_1）浓度是 BC、OA、SO_4^{2-}、NO_3^-、NH_4^+ 和 Cl^- 的浓度加和，因此 C1-YS、C1-ES 和 C2-ES 的 $PM_{2.5}$（PM_1）梯度分布斜率[图 4-11，$-9.72\ \mu g/m^3$（°）、$-6.87\ \mu g/m^3$（°）和 $-3.65\ \mu g/m^3$（°）]和相应观测期间这些组分的斜率加和[$-9.53\ \mu g/m^3$（°）、$-4.89\ \mu g/m^3$（°）和 $-3.57\ \mu g/m^3$（°）]基本相等。

　　根据衰减斜率和污染物刚输出陆地时的初始浓度，计算污染物传输至距离中国陆地最远时的衰减比例，如图 4-11 中所示的黑色短线，大部分污染物的衰减比例都在 60%以上，也就是说污染物大部分在近海沉降，这也是导致之前在研究意义中介绍的中国近海营养物由 N 受限转变为 P 受限的原因。对于同一海域的颗粒物，硝酸盐浓度的衰减比例最大，黄海是 80%左右，东海在 90%以上。对于气体，黄海氮氧化物全部衰减，东海 SO_2 衰减最多。

4.2.3　聚类分析

　　长岛、温岭、第一次走航和第二次走航观测期间的反向轨迹聚类分析、颗粒物化学组成的相对比例以及颗粒物和气体的平均浓度如图 4-12 所示。受体点高度为 100 m，反向时间 72 小时，但以 36 小时的反向轨迹进行聚类分析。由图可以看到，中国东部沿海受到显著的东亚冬季风和夏季风的影响，在轨迹聚类的气团来向上体现为冬季风时西北气团出现频率高，夏季风时西南气团出现频率高。污染物浓度也因此有明显差别。西北季风盛行时气团经过污染物排放量大的地区，将来自陆地的污染物传输至下风向，即中国东部沿海乃至太平洋，导致这些区域的污染物浓度升高，甚至发生严重污染事件。而其他来向的气团经过的地区污染物排放量较小，下风向区域的污染物浓度不会发生明显的增加。但在盛行的西北季风及其所经过的地区排放的大量污染物的影响下，下风向区域的背景浓度可能高居不下，导致其他来向气团带来的污染物可能造成该区域的污染加重。西南季风盛行时气团主要来自海洋，因此沿海地区的污染程度明显低于西北季风盛行时，东部地区排放的污染物则会向内陆传输，加剧内陆地区的空气质量恶化。

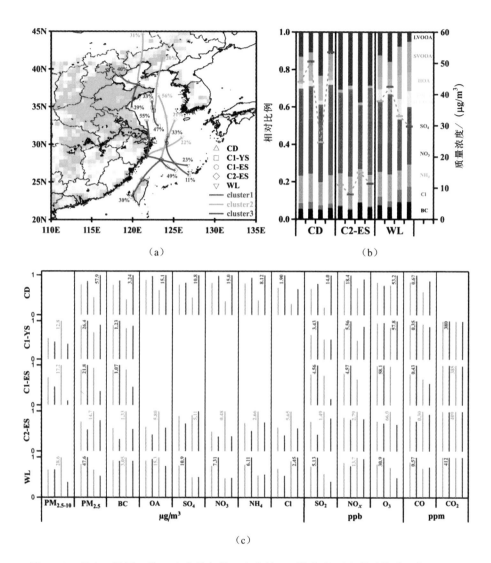

图 4-12 长岛、温岭、第一次走航和第二次走航观测期间的反向轨迹聚类分析（a）、

颗粒物化学组成的相对比例（b）以及颗粒物和气体的平均浓度（c）

注：（a）的陆地颜色表示的是如图 4-1 所示的 2010 年 BC 月均排放量。（b）和（c）中的橙色线表示整个观测期间的平均浓度，其他三条不同颜色的线分别对应（a）中的三类气团。（c）中所有平均浓度均以该颗粒物或气体对应的最大浓度作归一化处理，并在最大浓度相应的线的左侧标注该浓度值。

CD—长岛；WL—温岭；C1-YS—第一次走航—黄海段；C1-ES—第一次走航—东海段；C2-ES—第二次走航—东海段。

图 4-12（a）中，除 C2-ES 外，聚类 1 的气团都经过污染物高排放强度的地区，这一类气团的这种来向正是季风的主导风向，因此必然给中国东部沿海带来较为严重的污染，特别是在主导风向不变而风速较为静稳的情况下，中国东部沿海和近海的大气污染状况更会进一步恶化。聚类 2 的气团都经过污染物排放强度较低的地区，一般不会在中国东部沿海造成极端的大气污染事件。聚类 3 的气团除长岛外都自海洋而来，因此不但不会造成中国东部沿海的大气污染，还能起到净化该地区污染状况的作用。

在长岛观测期间，除 Cl、NO_x 和 CO 浓度是聚类 1 时最高外，其他污染物浓度都是聚类 2 时最高，聚类 3 时为最低[图 4-12（c）]。考虑到聚类 2 的气团经过的山东半岛源区离长岛更近，而聚类 1 的气团经过的京津冀源区离长岛相对较远，在气团移动速度相近的前提下需要更长时间才能到达长岛，同时颗粒物和气体的排放清单都显示京津地区及其周边的排放强度高于山东半岛，因此可能是 NO_x 和 CO 在京津冀和山东半岛的排放强度的差别大于其他污染物在这两个地区的差别，导致聚类 1 时它们的浓度最高。实际上在东亚冬季风盛行时，西北季风的风速较强，也可能是造成聚类 1 的气团扩散更快，而不容易在长岛点造成更严重污染的原因。

4.3　长岛大气颗粒物的理化特征及其有机气溶胶来源

4.3.1　长岛大气颗粒物数谱分布特征

颗粒物的谱分布特征和模态特征能很好地表征其来源与演变。颗粒物粒径范围极广，可从 3 nm 到 100 nm。根据不同粒径段颗粒物的来源和性质的差异，可以把大气颗粒物分为四个模态，从小到大依次为核模态、爱根核模态、积聚模态和粗粒子模态。核模态颗粒物是大气中的低挥发性气态物质通过凝结与成核作用形成纳米级的颗粒物；爱根核模态的颗粒物主要来源于一次燃烧源，如机动车尾气、煤燃煤、生物质燃烧等；积聚模态的颗粒物则是由核模态和爱根核模态的颗粒物经过碰并、凝结、凝聚等作用长大而成，可以表征二次颗粒物污染；粗粒子模态的颗粒物主要来源于物理作用，如沙尘、风扬尘、建筑扬尘、道路扬尘、海盐、火山灰、植物蜡等。

在 CAPTAIN 观测中，利用 SMPS 对大气颗粒物的数谱分布进行了测量，以长岛点为例，长岛站点平均颗粒物数浓度与体积浓度谱分布如图 4-13 所示。数浓度谱呈现单峰分布特征，峰值在 60 nm 附近（斯托克斯粒径），并且从 20 nm 至 400 nm 粒径段都保持较高数浓度，表明传输到长岛站点的颗粒物既有一次排放的爱根核模态颗粒物（30~100 nm），又有老化形成的积聚模态颗粒物（100~1 000 nm），甚至还有在传输到站点的气态污染物通过成核作用形成的核模态颗粒物（30 nm 以下）。另一方面，长岛站点颗粒物体积浓度呈现双峰分布特征，峰值分别为 320 nm 和 2.3 μm（空气动力学粒径），且峰高基本一致，表明长距离传输的积聚模态细颗粒物与附近海盐粗颗粒物都在观测期间对站点颗粒物浓度都有重要贡献。

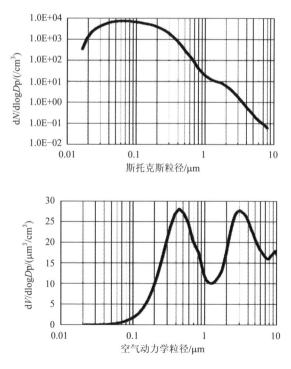

图 4-13 观测期间颗粒物数浓度与体积浓度的平均谱分布

颗粒物数浓度谱分布的时间序列显示（图 4-14），整个观测期间，长岛站点颗粒物污染经历了数次增长—消除过程。在颗粒物增长过程中，颗粒物粒径明显增长，例如，在 4 月 3 日的污染过程中，颗粒物的数浓度峰值从 60 nm 增长到 140 nm，在 4 月 7 日的污染过程中，颗粒物数浓度峰值从 65 nm 增长到

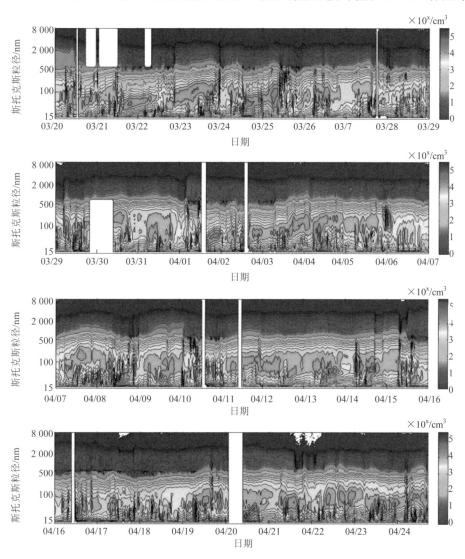

图 4-14　长岛观测期间颗粒物数浓度谱分布时间序列

160 nm，展现了区域污染下颗粒物的快速老化增长过程。同时，观测发现，长岛站点颗粒物体积浓度呈现双峰分布特征，第一个峰值出现在 320 nm 左右，为积聚模态，主要是颗粒物远距离传输的结果；第二个模态出现在 2.3 μm，为粗粒子模态，主要表征海洋排放的海盐气溶胶。需要指出的是，与世界其他海洋地区粗粒子模态为主体不同，长岛站点两个模态峰高基本一致，表明长距离传输的积聚模态细颗粒物对本地区的影响十分显著。

　　根据颗粒物粒径大小的不同，可以将颗粒物分为三个模态。小于 25 nm 的颗粒物为核模态，25 nm 至 100 nm 为爱根模态，100 nm 到 1 μm 为积聚模态，主要来源为积聚模态。图 4-15 为三个模态浓度的分布频率，每个模态频率分布线与横坐标包裹面积的积分和为 1。结果显示，长岛地区颗粒物数浓度分布范围较窄，在 90%的时段，爱根模态和积聚模态的颗粒物浓度都分布在 10^3～10^4/cm^3，浓度频率峰值为 4 000～5 000/cm^3 左右。尤其对于爱根模态的颗粒物，超过 95%的时段数浓度分布在 10^3～10^4/cm^3 范围内，暗示来源于不同方向的气团的污染颗粒物数浓度污染程度较为接近，间接证明长岛站点作为区域受体点具有良好的代表性。长岛站点核模态颗粒物浓度远低于爱根模态和积聚模态，说明在污染物的远距离传输过程中，更多的气态前体物逐渐氧化进入颗粒态，通过新粒子生成的方式产生的颗粒物减少。

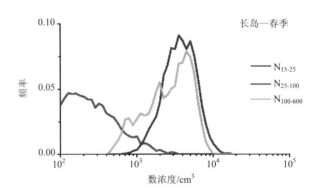

图 4-15　不同模态颗粒物浓度频率分布（CD：长岛点）

长岛站点作为华北地区颗粒物传输的受体点，颗粒物的粒径增长明显。在利用不同粒径段代表颗粒物模态的同时，本研究也利用模态模拟来研究颗粒物粒径的增长过程。如图 4-16 显示，3 月 21—26 日期间，颗粒物数谱分布的模态模拟。在这段时间内，3 次出现明显的模态粒径增长过程。经过计算，颗粒物主要模态的粒径在 3 月 21—22 日的平均增长速度为 2.0 nm/h，在 23 日的平均增长速率为 4.1 nm/h，在 24—25 日的平均增长速率为 2.7 nm/h。整个观测期间，颗粒物模态中值粒径平均增长速率在白天为 2.7～6.3 nm/h，在夜晚为 1.2～3.4 nm/h，白天的增长速率显著高于夜间，这也表明白天的光化学过程所导致的二次颗粒物的形成是已存颗粒物粒径增长的主要原因。

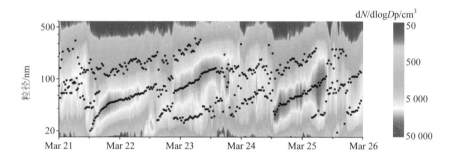

图 4-16　典型时段颗粒物粒径模态模拟结果（黑点表示模态模拟的粒径中值）

综上所述，长岛站点颗粒物平均数浓度相对城市地区较低，但是作为海洋区域点与国外相比浓度较高。数浓度谱分布显示呈现单峰分布特征，峰值在 60 nm 附近；积聚模态颗粒物的数浓度水平与爱根模态颗粒物相当，体积浓度水平与粗粒子模态浓度相当，表明长岛地区颗粒物污染受污染输送影响明显，并且传输到此处的颗粒物老化程度较高。核模态粒子浓度很低，表明在经历长距离传输后，大气中新粒子生成较少。模态模拟表明颗粒物粒径平均增长速度在 1～6 nm/h 的范围内，白天增长速率显著高于夜晚，表明白天的光化学过程所导致的二次颗粒物的形成是已存颗粒物粒径增长的主要原因。

4.3.2　长岛大气颗粒物光学特征

1）消光系数总体构成

长岛站点的大气总消光系数（550 nm）平均值为 213 M/m（对应于能见度
14 km），大气消光水平较高，其平均组成见图 4-17，大气颗粒物的散射和吸收、
NO_2 气体的吸收以及大气分子的瑞利散射分别占总消光系数的 82%、10%、2%
及 5%，其中颗粒物的消光贡献总和占到 92%。可见，颗粒物的消光作用，尤
其是颗粒物的散射作用起到绝对的主导作用，气态污染组分的消光贡献很小。

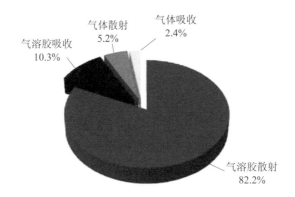

图 4-17　长岛站大气消光系数构成

2）颗粒物消光时间序列

图 4-18 展示出长岛站点颗粒物在 3 个或 7 个可见光波长下的散射与吸光特
征。观测期间，长岛站附近偶尔有生物质燃烧和燃煤的局地污染现象，表现为
BC、CO 等污染物浓度突然升高。为研究区域传输问题，讨论中将观测到的局
地污染时间段的数据剔除。总体来讲，颗粒物对可见光的散射与吸收强度顺序
为：蓝光＞绿光＞红光。由于颗粒物浓度的变化，观测期间散射与吸收作用有
很大波动，例如，550 nm 的散射系数在 4 月 1—2 日的清洁天里的平均值仅为
42 M/m，而在某些污染时段可达 800 M/m。

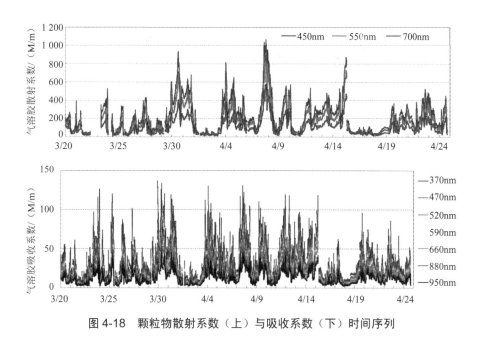

图 4-18　颗粒物散射系数（上）与吸收系数（下）时间序列

3）大气消光比例随消光程度变化规律

如上文所述，长岛地区大气总消光系数构成分为颗粒物消光、颗粒物吸光、气体吸光以及气体散射。各成分所占比例随污染程度的不同而变化，如图 4-19 所示。可见随着污染浓度的加深，颗粒物消光所占总消光系数的比例增加，气体瑞利散射对大气消光的影响作用越来越小，而颗粒物吸光的作用没有明显变化，污染时段颗粒物散射占大气消光系数的比例可达到 80%。说明长岛地区颗粒物散射作用是造成低能见度时段的最主要因素。

4）气溶胶消光日变化特征

长岛地区消光系数及各个组成成分的日变化如图 4-20 所示。长岛作为典型背景点，其大气消光没有明显的日变化特征。且各消光组成一日之内的相对水平也较为平稳。长岛地区颗粒物吸光占总消光系数的比例为 10%，是影响该地区能见度水平的重要因素之一。大气中的黑碳的浓度代表了大气气溶胶的吸光能力，图 4-21 给出了长岛地区黑碳气溶胶浓度的日变化规律。可见长岛地区黑碳日均浓度为 2.7 $\mu g/m^3$，其排放峰值为早 7：00—8：00 之间。

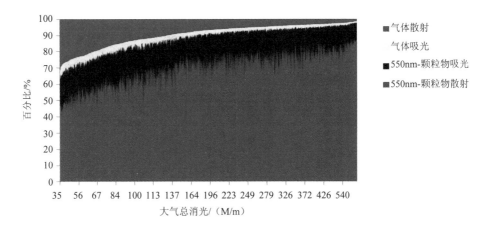

图 4-19　颗粒物消光组成的浓度变化趋势

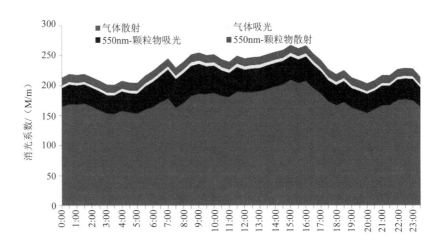

图 4-20　颗粒物消光组成日变化

　　作为背景点，长岛地区大气消光没有明显日变化特征，大气颗粒物的散射
和吸收、NO_2 气体的吸收以及大气分子的瑞利散射分别占总消光系数的 82%、
10%、2% 及 5%，受到大陆地区污染物传输的影响，该地的大气消光作用较强。
平均能见度仅有 14 km。大气消光结构组成中，颗粒物的散射作用起到绝对的
主导作用，并随着污染程度的加重在总消光系数的所占比例增加。总的来说，

大气气溶胶的二次转化过程对长岛地区的能见度影响最大。要提高长岛地区的能见度水平，对大气气溶胶的二次转化过程的控制更为重要。

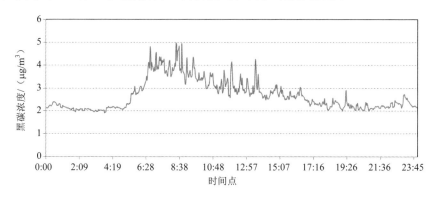

图 4-21　黑碳浓度日变化

4.3.3　大气超细颗粒物 PM$_1$ 化学组成

不同模态颗粒物的来源和寿命不同。核模态颗粒物容易被较大的颗粒物碰并损失，而粗模态颗粒物则容易通过降水和重力沉降去除，这两个模态的存在时间非常短暂（小时级）。而积聚模态颗粒物存在时间长达几天到几个星期，对于颗粒物光学特性和 CCN 形成具有重要影响。同时颗粒物主要化学组成（硫酸盐、硝酸盐、铵盐和有机物等）也主要集中在该粒径段。因此对该粒径段内化学组分谱分布的研究，将有利于研究颗粒物的来源、转化和二次生成。

4.3.3.1　时间序列

观测期间长岛站点平均温度约为 8℃。因为岛屿受海洋水汽影响较大，站点相对湿度较高，平均约为 55%（范围 17%～97%）。长岛气团传输速度较快，平均风速约为 4.4 m/s，最高风速达 14.3 m/s。反向轨迹显示长岛地区的风向主要以来自于内陆的西风、西南风和北风为主，使得长岛成为接受以为源排放为主的大陆气团的受体点，有利于研究颗粒物的老化和传输研究。

长岛观测时间段为 2011 年 3 月 20 日—4 月 24 日，是北方冬季采暖期。在观测期间部分时间段，长岛观测站点受到了煤燃烧和生物质燃烧的影响。颗粒物浓度呈现"刺状"增长，即在很短时间内（4～20 min 内），颗粒物浓度会出现非常快速地上升，以有机物，硫酸盐和氯离子为主。局地源影响的过程可以通过质子转移质谱（PTR-MS）检测得到的半分钟分辨率的 VOCs 数据进行识别。乙腈（化学式：CH_3CN；英文名称：Acetonitrile）作为生物质燃烧的指示物种，被广泛地用于生物质燃烧的研究中[7-9]。乙腈能够通过在线质子转移质谱（PTR-MS）实现有效的在线测量[10,11]，时间分辨率高达秒-分钟。相对于 CO，乙腈的来源较为简单，除城市机动车排放以外，其可以认为完全由生物质燃烧源排放[10]。利用乙腈对生物质燃烧事件进行识别，发现长岛观测期间，观测站点共观测到 3 次生物质燃烧的影响，分别为：①3 月 31 日 6 点，②4 月 5 日晚11 点—4 月 6 日凌晨 3 点；③4 月 11 日晚 9—12 点。第一次生物质燃烧阶段，AMS 仪器运行出现问题，没有相关数据，故在图 4-22 只标识出了后两次生物质燃烧的相关事件段，黄色阴影部分。生物质燃烧主要是由于周围山体的森林大火和农田燃烧作物所致。萘（化学式 $C_{10}H_8$；英文名称：Naphthalene）以及其他的 PAHs 物种被认为是有效的煤燃烧的示踪物种[12]。长岛观测期间利用物种萘的快速增长浓度（＞2 μg/m³），共识别出的煤燃烧事件共计 29 次，约 45个小时，如图 4-22 的灰色背景区域。当地调研发现，煤燃烧烟羽主要来自海参养殖场燃煤加热海水。除已剔除的局地源排放时段外，长岛观测站点无其他明显局地源影响。

　　在剔除了局地源影响后的长岛观测得到 PM_1 平均浓度为 46±36 μg/m³。其中，有机物占 PM_1 质量的 30.2%、硫酸盐（18.8%）、铵盐（14.7%）、硝酸盐（27.7%）、氯离子（3%）、黑碳（5.6%）。图 4-22 展示了长岛颗粒物浓度的时间序列。总的来说，长岛颗粒物浓度变化范围很大，当以北风天为主的时候，长岛颗粒物浓度非常低，例如 3 月 21—22 日，图 4-23 的反向轨迹显示这两天长岛的气团主要来自我国北部污染物排放较少的地区，例如内蒙古和西伯利亚地区。并且来自北方的冷空气气团速度较大，也促进了长岛颗粒物的扩散作用。北风主导期间 PM_1 平均浓度 8.75±1.75 μg/m³，是观测期间总平均浓度的 1/4，其中有机物占总颗粒物的 41%、硫酸盐 22%、硝酸盐 13%、铵盐 12%、黑碳 10%、最低为氯离子 2.6%。而当气团来自南方或者西南方（例如，山东半岛、长江三角洲

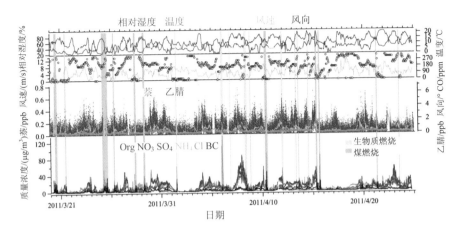

图 4-22　颗粒物化学组成

注：有机物、硫酸盐、铵盐、硝酸盐、氯盐和 BC、VOCs 物种乙腈、萘、CO 和气象参数的时间序列。其中，BC 是由 Aethalometer 测定，VOCs 物种由 PTR-MS 测定得到。

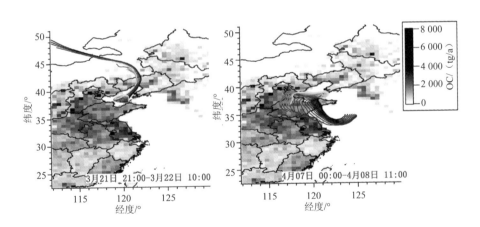

图 4-23　长岛两次典型污染过程的反向轨迹

注：反向轨迹的颜色由浅入深代表时间逐渐推移。

地区等污染物的高排放地区）人为源影响较为严重的地区，颗粒物浓度明显增高。PM_1 最高达 240 μg/m³（4月7日，20—22点）。观测期间 4 月 7—8 日是一个明显的大陆颗粒物污染传输过程，从 4 月 6 日凌晨风向为南风，气团主要来自山东半岛，如图 4-23 黑色的反向轨迹路线所示，这时颗粒物浓度为 20 µg/m³。随着风向从南风向西南风的转变，即图 4-23（b）中反向轨迹气团线由浅入深，4 月 7 日晚达到峰值，4 分钟平均值为 240 µg/m³（该阶段内硝酸盐占总颗粒物质量比例最高约 30%，其次是有机物 25%、硫酸盐 22%、、铵盐 15%、氯离子 3.5% 和黑碳 3.5%）。该过程后，长岛主导风向向北风转变，颗粒物污染物浓度再次降到低值（20 µg/m³）。值得注意的是，此次的转化过程硝酸盐贡献最大，这可能和其前体物 NO_x 在内陆地区较高的排放有关。NO_x 形成的气态硝酸在高湿低温的气象条件下，更易于在颗粒物上凝结。

4.3.3.2　海盐氯亏损

长岛地处海洋与大陆的交界处，大气颗粒物受到大陆人为源和海洋环境的双重影响。在受到大陆传输烟羽的海洋环境中，海盐气溶胶中的 NaCl 往往会和颗粒物中酸性物质例如 HNO_3 和 H_2SO_4，或者一些有机酸类反应，将 NaCl 转变为 $NaNO_3$ 和 Na_2SO_4[13]，氯离子将会以气态 HCl 的形式排放到大气中，造成海盐氯元素亏损，该过程可以用反应式表达为：

$$NaCl_{(s)} + HNO_{3(s)} \longrightarrow NaNO_{3(s)} + HCl_{(g)} \qquad （1）$$

$$2NaCl_{(s)} + H_2SO_{4(s)} \longrightarrow (Na)_2SO_{4(s)} + 2HCl_{(g)} \qquad （2）$$

研究发现在新鲜的海盐气溶胶中，氯离子和钠离子的质量比例大约为 1.8[14]。而长岛 GAC 观测得到总水溶性氯离子和钠离子的质量平均比值高达 3.8 ±2.6，较海盐离子比例高，暗示长岛的水溶性氯盐除海洋离子外有另外来源。GAC 测量的是水溶性的总氯离子（Cl_{GAC}，包含海盐 NaCl 和 NH_4Cl 中氯离子），而 AMS 测量的是 600℃ 下可熔的非海盐氯离子（Cl_{AMS}，以 NH_4Cl 为主），长岛 GAC 和 AMS 测量的氯离子平均浓度分别为 2.1 µg/m³ 和 1.3 µg/m³。如果认为 AMS 测量的非海盐氯离子全部来自于人为源的排放，则长岛观测期间人为源排放的氯离子约占总氯离子浓度的 57%。海盐氯亏损的程度对于估算在海盐颗粒物表面形成硫酸盐和硝酸盐的质量具有重要作用。为了研究海洋排放的氯盐的亏损状况，首先需要计算环境大气中的海盐氯离子浓度。实际测量的海盐

离子 $Cl_{SeaSalts}$ 可以从近似的计算为：

$$Cl_{SeaSalts} = Cl_{GAC} - Cl_{AMS} \qquad (3)$$

同时根据海盐 Na 离子浓度估算理论未亏损的氯离子浓度（Cl_{Theory}）为[15]：

$$Cl_{Theory} = 1.174 \times \left(\frac{Na}{M_{Na}} \right) \times M_{Cl} \qquad (4)$$

其中，M_{Na} 和 M_{Cl} 分别为 Na 和 Cl 的分子质量。计算得到的理论氯离子浓度和实际海盐离子浓度时间序列具有较好的一致性，如图 4-24 所示。实际海盐氯离子浓度为 $0.92 \pm 0.68 \ \mu g/m^3$，而理论计算的氯离子浓度为 $1.15 \pm 1.0 \ \mu g/m^3$。实际海盐氯离子浓度比理论计算氯离子浓度偏低，这可能是由于氯亏损，海盐颗粒物中部分 NaCl 转化为气态 HCl 所造成的。图 4-24 的下级窗口中展示了实际观测得到的海盐 $Cl_{SeaSalts}$ 和理论 Cl_{Theory} 浓度的散点图，结果显示实际大气中有相当一部分实际测量的海盐氯离子浓度低于理论值，集中在斜率为 1～0.3 的线之间，相对应的 Cl/Na 的比值为 0.5～1.5，表明海盐气溶胶可能发生了氯亏损现象，但是同时也发现有一部分实际大气中海盐氯离子浓度高于理论计算的氯离子浓度，原因可能有以下两点：①GAC 测量的为 $PM_{2.5}$ 颗粒物，而 AMS 测量的为 PM_1 颗粒物，虽然两者的差异不大，但仍不排除在某段 $PM_{2.5}$ 和 PM_1 质量差异较大的时间段内，利用 GAC 和 AMS 测量的氯离子差值计算出来的大气中的海盐氯离子浓度偏高。②AMS 和 GAC 的测量均具有一定的不确定性，将两台仪器测量得到的数据相减得到的数据不确定性（$\sigma_{Clseasalts} = \sqrt{(\sigma_{GAC})^2 + (\sigma_{AMS})^2}$）会增加，因此势必会造成某些计算值的波动。

最终定量整个观测的平均氯亏损比列，可以用以下公式计算：

$$L = \frac{[Cl]_{Theory} - [Cl]}{[Cl]_{Theory}} \times 100\% = \frac{1.174[Na] - [Cl]}{1.174[Na]} \times 100\% \qquad (5)$$

长岛的计算结果显示，海盐氯亏损量的大约在 1%左右，暗示了长岛氯亏损非常低，当然这个数据计算受到了上述氯离子测量不确定性的影响。

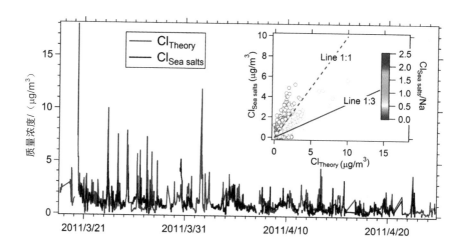

图 4-24　利用式（3）计算得到的实际大气海盐氯离子和由钠离子浓度计算得到的

理论海盐氯离子的时间序列

注：在右上角下级窗口中的是计算得到的实际大气海盐氯离子（Y轴）和计算得到的理论海盐氯离子（X轴）散点图。

4.3.3.3　生物质燃烧和煤燃烧过程

1）生物质燃烧

　　野火燃烧是全球颗粒物及形成颗粒物前体物的重要来源，但由于在确定其燃烧地点、燃烧量、排放因子、扩散以及期间的二次气溶胶的形成等方面的难度，很难精确地定量生物质燃烧及其作用[16-18]。之前的研究表明，生物质燃烧对颗粒物中的有机物物种贡献非常的显著[19,20]，Gustafsson 等人识别发现亚洲大气棕色云中的有机碳主要来自于生物质燃烧[21]。长岛观测期间检测到两次野外生物质燃烧过程：4 月 5 日 23 点—4 月 6 日 3 点和 4 月 11 日 21—24 点，图 4-25 中展示了 4 月 6 日的生物质燃烧过程。这次生物质燃烧过程持续时间长，燃烧过程较后者强烈，并且背景大气较为清洁。该期间观测到的各种污染物的变化更能代表生物质燃烧烟羽的反应过程。

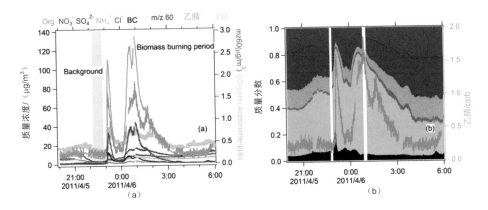

图 4-25　（a）4 月 6 日生物质燃烧过程中主要颗粒物化学组分以及
气态污染物 CO 和乙腈的时间序列

注：其中灰色部分为生物质燃烧的背景时间段，黄色部分为生物质燃烧阶段；（b）该过程中主要化学组分颗粒物比例的时间序列。

　　4 月 6 日夜间的生物质燃烧过程中，受到风向影响，主要分为两个过程（图 4-25）。作为生物质燃烧指示物种的乙腈，浓度迅速从 0.3 ppb（灰色背景区域）增加到了 1.6 ppb 和 1.8 ppb（黄色区域峰值），增长速率分别为 0.065 ppb/min 以及 0.025 ppb/min。与此同时，总颗粒物浓度从 15.7 $\mu g/m^3$ 增加到 144 $\mu g/m^3$ 和 179 $\mu g/m^3$（黄色区域峰值），增长速率分别为 6.4（$\mu g/m^3$）/min 和 3.5（$\mu g/m^3$）/min。其中有机物贡献约 84% 的颗粒物的增长，其次是 BC 和硝酸盐为 7% 和 5%，硫酸盐铵盐和氯离子浓度变化并不明显。此过程中有机气溶胶比例从 40% 迅速增加到 70%～75%（峰值），随着乙腈浓度的增加，生物质燃烧过程越强烈，有机物比例越高，表明有机物是生物质燃烧排放的最主要物种。在探讨这次生物质燃烧烟羽的可能来源时，发现监测站点南部种植有大片农田和森林，时值冬春交替时间，会有燃烧农作物秸秆和木材等的现象。此次生物质燃烧过程中大气气团风向以南风为主，风速高达 4～7 m/s。暗示这次生物质燃烧可能来自于农田农作物秸秆等的燃烧。

2）煤燃烧

煤燃烧占全球总能源消耗的 1/4，是目前我国特别是我国北方地区主要的
取暖能源消耗[12]。长岛观测期间，由于海参育苗加热海水的原因，观测受到相
对较小的民用燃煤炉灶排放的煤燃烧产物的影响。民用燃煤没有任何控制排放
措施，各种污染物的排放因子更多，对环境污染危害更大。但是目前对于环境
中煤燃烧的影响更多的集中于膜采样分析[12,22]，时间分辨率较低，无法捕捉煤
燃烧影响的动态过程。即使已有的在线检测分析也主要集中于 SO_2, CO 等气体，
而针对人体健康危害较大的有机物种，特别是颗粒物中 PAHs 的在线分析，鲜
有报道。

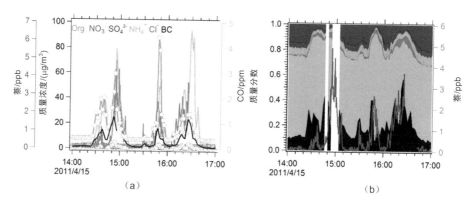

图 4-26　（a）4 月 15 日煤燃烧过程煤示踪物萘、CO 以及颗粒物主要化学组成的
时间序列（b）在此过程中颗粒物主要化学组成比例的变化

本研究利用高时间分辨率 PTR-MS 得到 PAHs 物种：萘识别长岛的煤燃烧
过程。煤燃烧过程的时间受到风向和风速的共同控制，持续时间从 10 分钟～5
个小时不等。长岛观测期间受到数十次不同程度的煤燃烧过程影响，挑选 4 月
15 日典型的煤燃烧过程进行分析。这次煤燃烧过程是在较为清洁的背景下观测
到了煤燃烧烟羽的影响，持续时间较长（3 个小时）具有较好的代表性。4 月
15 日下午检测到的煤燃烧过程，大约从 14：20 左右开始，PAHs 中萘的浓度从
背景浓度 0.1～0.2 ppb 迅速增加，最高增加到 4.8 ppb，伴随着萘浓度的增长，

颗粒物中有机物和 BC 浓度迅速增加，煤燃烧强烈阶段两者占总颗粒物浓度最高比例高达 92%。同时，以一次排放为主的氯离子浓度也有所增加，但相对于前两者增加比例较小。硝酸盐、硫酸盐和铵盐在这次过程中比例变化十分微弱，暗示煤燃烧对这些离子影响较小。利用萘筛选煤燃烧强烈阶段（萘浓度＞3 ppb），得到煤燃烧阶段颗粒物平均化学组分以有机物（37%）和 BC（20%）为主，其次为硫酸盐（13%）、硝酸盐（17%）、铵盐（10%）和氯离子（3%）。并非所有的煤燃烧过程是发生在清洁大气背景下，较高的硫酸盐、硝酸盐和铵盐含量可能是由于挑选的煤燃烧强烈的时间段受到了城市大气的影响。

计算煤燃烧过程中有机气溶胶和 CO 的排放比，但由于煤燃烧排放过程受到煤类型、煤燃烧温度和液相水含量等复杂因素，气象条件以及大气背景的影响，很难用统一的排放比值量化。图 4-27 中展示了几次煤燃烧过程有机气溶胶和 CO 的散点图。尽管无统一的比值量化有机气溶胶的排放比，但是可以看到绝大多数的煤燃烧过程中有机气溶胶和 CO 的比值集中在 6.6～47 μg/m³/ppm 之间，下限和上限分别利用 3 月 25 日和 29 日煤燃烧过程中有机气溶胶和 CO 回归斜率表示。表 4-2 展示了其他的我国煤燃烧的有机气溶胶与 BC 与 CO 的排放比值。文献报道结果显示 OC/CO 的实验室和排放清单结果相差不大，但家用燃煤的煤燃烧排放因子是工业和电厂的几十倍。BC 的排放因子和 OC 的结果

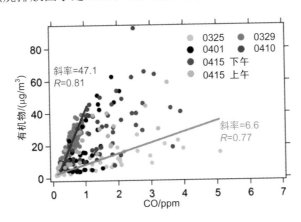

图 4-27　几次煤燃烧过程有机气溶胶与 CO 的比值

表 4-2　煤燃烧排放的 OC/CO 与 BC/CO 的比值

类型	方法	OC/CO/（g/g）	BC/CO/（g/g）	文献
蜂窝煤，北京	实验室研究	0.000 2	0.000 2	（Shen et al.，2010）
蜂窝煤，太原	实验室研究	0.000 4	7.3E-05	（Shen et al.，2010）
煤块，太原	实验室研究	0.004 1	0.003 4	（Shen et al.，2010）
煤块 A，榆林	实验室研究	0.002 3	0.001 1	（Shen et al.，2010）
煤块 B，榆林	实验室研究	0.000 9	0.000 9	（Shen et al.，2010）
发电厂	排放清单	0.001 4	0.007 0	（Ohara et al.，2007）
工业	排放清单	0.000 4	0.001 7	（Ohara et al.，2007）
家用燃煤	排放清单	0.021 6	0.026 7	（Ohara et al.，2007）
长岛	外场观测	0.003 2～0.023[a]	0.002 4～0.048	本研究

a：OC=OM/1.3。

相类似，以家用燃煤的 BC 排放因子最高。长岛几次煤燃烧气过程中测量得到的 OC/CO 的最高值与排放清单中家用燃煤的 OC/CO 的值相类似，最低值与实验室中利用炉灶得到的太原煤块的燃烧结果相类似，远高于工业和发电厂的 OC/CO 的比值，相类似的现象也在 BC/CO 的比值中发现，表明长岛地区燃煤以家用燃煤为主。

4.3.3.4　典型环境亚微米级颗粒物污染特征的比较

将全球不同地区 AMS 检测到的 PM_1 颗粒物浓度和主要化学组成结果进行比较，如图 4-28 所示。将观测站点分为 4 类：城市地区、城市下风向受体点、偏远地区和海洋环境。结果显示不同类型地区颗粒物浓度差异很大。受城市源排放影响，城市地区颗粒物浓度较其他类型站点测量结果普遍偏高。但同时由于城市当地局地源影响，细颗粒物化学组成差异较大。例如墨西哥和北京冬季以有机物为主（50%），美国的匹兹堡则主要以硫酸盐为主（50%）。城市下风向受体站点的颗粒物浓度与城市地区颗粒物浓度相比略微偏低，但高于偏远的无局地源影响的乡村地区和海洋地区颗粒物浓度。海洋大气环境中，不同区域的颗粒物浓度水平根据近海和远海不同表现出明显差异，中国和日本沿海颗粒物浓度明显较远海的大洋的其余细颗粒物浓度高。海洋地区细颗粒物的化学组分以硫酸盐为主（50%~80%）。近海地区有机物比例较远海地区要高，表明了大陆排放源对近海颗粒物的影响。

同时图 4-28 结果表明，不论何种类型地区，中国颗粒物浓度较同类型其他地区浓度偏高，表明了中国大气颗粒物污染的严重性。首先以城市地区为例，上海和深圳的颗粒物浓度和墨西哥浓度相当，为 30~40 $\mu g/m^3$。而几年的观测结果显示北京城市地区细颗粒物浓度高达 60~80 $\mu g/m^3$，是图 4-28 中其他城市地区的 2~10 倍，表明了北京细颗粒物污染的严重性。图 4-28（加粗黑体部分）展示了北京、东京、纽约和曼彻斯特四个城市地区的冬季和夏季的比较，结果显示同一个城市冬季夏季颗粒物化学组差异较大，但没有表现出统一的规律。

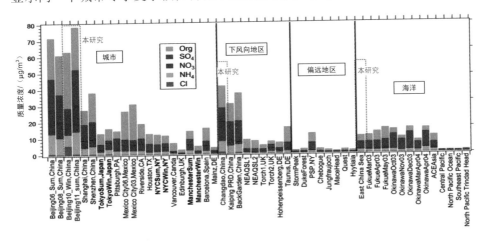

图 4-28　AMS 测量的亚微米级颗粒物浓度及其主要化学组成

注：从左向右按照城市、城市下风向、偏远地区和海洋地区分类。横坐标轴中黑体加粗的 4 个城市站点（北京、东京、纽约和曼彻斯特）同时展示了冬季和夏季的比对结果。

下风向站点颗粒物的研究结果显示，中国地区的受体点颗粒物污染浓度（30~46 $\mu g/m^3$）比其他国家同类型观测站点的结果（10~20 $\mu g/m^3$）要高 3~6 倍。长岛的颗粒物化学组分和上风向站点之一的北京的结果相类似，都具有较高比例的硝酸盐。而南方珠江三角洲地区的下风向站点广州开平和后花园的颗粒物与其上风向站点深圳结果相类似，硝酸盐含量（~10%）比北方（~20%）

低。海洋观测结果显示亚洲地区颗粒物浓度相较于其他偏远海洋地区浓度高 10
倍以上，暗示海洋气溶胶受到大陆传输的影响。同时有趣的是，尽管有观测时
间的差异，中国近海地区（本次航测和 ACE-Asia）和日本岛屿观测得到的结果
颗粒物浓度水平相当（$10 \sim 20\ \mu g/m^3$），同时具有相类似的化学组成，暗示了中
国和日本近海的大气具有区域性的特点。

4.3.4　长岛有机气溶胶来源解析

4.3.4.1　PMF 解析结果参数评价

PMF 方法分析 AMS 有机气溶胶质谱图数据的基本原理为：

等号左边是 AMS 测量的大气亚微米级颗粒物中有机气溶胶质谱图时间序
列，等号右边依次是 PMF 方法分解的多个有机气溶胶因子以及残差矩阵。

$$x_{ij} = \sum_p g_{ip} f_{pj} + e_{ij} \tag{6}$$

式中 i 和 j 分别表示矩阵中的行与列，p 表示解出的 PMF 因子个数，x_{ij} 表
示 $m \times n$ 矩阵 X 中的一个元素。在 AMS 输入数据中，m 行表示单位时间分辨率
内大气颗粒物平均有机气溶胶质谱图（mass spectrum，MS），n 列表示时间序
列。g_{ip} 是 $m \times p$ 矩阵 G 中的一个元素，G 的列是 PMF 因子的时间序列；f_{pj} 是 $p \times n$
矩阵 F 中的一个元素，F 的行是 PMF 因子廓线。e_{ij} 是 $m \times n$ 矩阵 E 中的一个元
素，E 是残差矩阵（$E = X - GF$）。

应用最小二乘算法迭代拟合 AMS 有机气溶胶质谱图数据可以得到 G 和 F
的值，这一过程使得拟合参数 Q 值最小。Q 定义为：

$$Q = \sum_{i=1}^{m} \sum_{j=1}^{n} \left(e_{ij} / \sigma_{ij} \right)^2 \tag{7}$$

式中 σ_{ij} 是 AMS 估算的误差矩阵（标准偏差，$m \times n$ 矩阵）中的一个元素，
该误差矩阵也是 $m \times n$ 矩阵 X 的误差。

PMF 模型需要输入颗粒物质量矩阵 X_{ij} 和与之相对应的误差矩阵 E_{ij}，首先
识别出 HR-ToF-AMS W 模式下单离子碎片。根据单离子碎片信号强度，经过
校正得到单离子浓度矩阵。相对应的单离子碎片的误差矩阵，可以通过离子碎

片计数得到。谱图中的单离子碎片是有限的多个离子单离子碎片的平均值，当离子碎片分子质量越高的时候，离子碎片检测到的可能性越低。可以假设特定离子碎片的检测到的可能性符合泊松分布的特点，那么单离子碎片的误差（不确定性）大约等于一定时间内（采样时间）检测到的离子数目，或者检测到的信号的开方，表示为：

$$\sigma_{\text{open}=}\sqrt{I_{\text{open}}} \tag{8}$$

$$\sigma_{\text{close}=}\sqrt{I_{\text{close}}} \tag{9}$$

$$\sigma_{\text{total}} = \sqrt{(\sigma_{\text{open}})^2 + (\sigma_{\text{close}})^2} \tag{10}$$

式中：σ_{total} 为某单离子的总测量误差；σ_{open} 和 σ_{close} 为斩波器（Chopper）打开和关闭时 AMS 检测到的某单离子测量误差；I_{open} 和 I_{close} 分别为斩波器打开和关闭时 AMS 检测到的某单离子信号强度，Hz。

为将原始的单离子数据矩阵与之相对应的误差矩阵转化为适应于 PMF 软件的数据需要进行数据的筛选和优化，包括删除贡献较小的离子碎片，共线性的离子碎片，信噪比较低的离子碎片与"刺状"时间序列时间段等。

首先，因为环境大气的变化与 AMS 监测的不确定性，某些离子碎片仅仅在某一段观测时间内拟合得到。例如：某些离子仅在短暂的生物质燃烧阶段含量高，像一些含 N 和 S 的离子碎片：NH^+、SO_2^+、H_2S^+ 和 HNO_3^+ 等。或极度老化的气团中，含氧原子较多的高质量离子碎片：$C_8H_5O_3^+$，$C_8H_{12}O_4^+$ 等。但是相对于整个观测期间，在绝大部分的时间内该离子质量为 0，拟合得到的概率非常的低。因为其较低的出现频率会极大增加 PMF 解析的不确定，所以在预处理的时候，会将这些离子碎片（空白值数/总监测值数<15%）从离子质量矩阵和相对应误差矩阵中删除。

同时共线性的单离子碎片物种也要从 AMS 的数据矩阵中删除，特别是同位素物种（例如 $j^{13}CO_2^+$，$j^{13}CCH_2^+$ 等）和其母元素离子成绝对线性关系。同位素物种大约占总拟合物种的 15%左右。CO_2^+ 单离子是非常重要的氧化性代表离子，AMS 标定结果显示，有机物种经过 IE 打碎之后，CO_2^+ 相关单离子（O^+（m/z 15.99），HO^+（m/z 17.00），H_2O^+（m/z 18.01），CO_2^+（m/z 43.99））在经过飞行时间质谱监测中也呈现共线性关系（$CO_2^+\sim=111.11\times O^+$；$CO_2^+\sim=17.78\times HO^+$；$CO_2^+\sim=4.44\times H_2O^+$）（*Ulbrich et al.*，2009）。因此，作为 PMF 的输入数据，可以通过增加 CO_2^+ 相关离子测量误差，降低该组离子权重实现，或者直接删掉 O^+、HO^+ 和 H_2O^+ 离子，直接用 CO_2^+ 作为输入离子碎片，PMF 解析确定最终因子后，通过与 CO_2^+ 的相关线性关系插入 CO_2^+ 相关离子。本研究主要通过后者实现。

同时，通过计算单离子信噪比（Signal to Noise Ratio，SNR），对 PMF 输入数据进行进一步的优化。针对某个单离子信噪比计算公式为：

$$SNR = \sqrt{sum\left(I_i^2\right)/Sum\left(\sigma_i^2\right)} \tag{11}$$

式中：I_i 是某时间点单离子的信号强度，σ_i 是某时间点单离子的测量误差。

根据 Ulbrich 等人（2009）和 Paatero（2007）的建议：当某离子的信噪比 <0.2 时，该离子归为"坏"离子变量，需要被剔除；当某离子的信噪比处于 0.2~2 之间时，该离子归于"弱"离子变量，将会通过增加该离子不确定性（推荐 2~3 倍）降低加权系数；而当某个离子的信噪比大于 2 时，该离子属于"强"离子变量。长岛观测输入 PMF 的 AMS 单离子碎片信噪比，其范围大约在 0.4~60 之间，低于 2 的离子信噪比由蓝色的柱子表示，长岛观测中"弱"变量离子，共有 62 个（例如：$C_9H_{19}^+$、$C_8H_7O_4^+$、CS_2^+ 和 $C_9H_{18}^+$ 等），增加误差矩阵相应的值（3 倍误差），进一步降低其加权系数。

同时，偶尔的局地干扰会造成有机气溶胶时间序列上表现为"尖刺"，这些"尖刺"因为其较高的浓度和有机气溶胶源特征的"突变"，会对 PMF 的运行结果造成很大的干扰，如果其出现频率较低，可以对其进行剔除，长岛会偶尔受到强烈的煤燃烧的影响以及 2 次生物质燃烧的影响。因此，在 PMF 数据的处理中预先对其进行了人工剔除。其他三次观测没有进行相关局地源剔除的相关操作。经过以上步骤处理后，长岛观测和温岭观测都是高分辨率的单离子碎片输入，但是船测中 ACSM 利用的是四极杆检测器，因此输入的是单位质荷比碎片。

识别有机气溶胶因子数（P）是 PMF 解析中最关键的步骤。几个数学参数被用来辅助因子数的选择。PMF 因子数选择较为复杂，以长岛 PMF 因子数的选择为例详细介绍 PMF 解析结果的因子数选择过程，其他观测站点遵从长岛有机气溶胶 PMF 解析的原则。

Q 值是最重要的参数之一。Q_{exp} 等于拟合参数的自由度=$m \times n - p \times (m+n)$（数据矩阵=$m \times n$）[23]，对于 AMS 的数据矩阵来说，$m \times n$ 远远大于 $p \times (m \times n)$，因此 Q_{exp} 约等于 $m \times n$。如果假设双线性模型对数据矩阵（有着稳定谱图特征的 n 个来源的有机气溶胶的总和）解析是合适的以及估算的有机气溶胶矩阵的不确定性是精确的，那么对于该 n 个因子的 Q/Q_{exp} 的值应该接近 1，即如果在矩阵中的所有数据的拟合在它们的误差范围之内，则 Q/Q_{exp} 等于 1。如果 $Q/Q_{exp} \gg 1$，则表明低估了输入数据的不确定性，不能用当前解析出的因子来解释有机气溶胶来源。如果 $Q/Q_{exp} \ll 1$，则说明高估了输入 PMF 模型数据矩阵的不确定性。当 PMF 解析的因子数目逐渐增大时，Q/Q_{exp} 应该逐渐减少，因为更多的因子增加了更多的自由度，使得更多的输入数据可以被拟合。当增加一个因子，Q/Q_{exp} 值降低幅度较大的时候，暗示增加的因子可以更好地解释 PMF 解析结果[24]。

PMF 模型解析的长岛 AMS 有机气溶胶数据如图 4-29 所示，图 4-29（a）展示了 Q/Q_{exp} 作为解析因子数（p）的函数。随着 PMF 因子数从 1 个增加到 2 个因子，Q/Q_{exp} 下降幅度很大。当 PMF 因子数从 2 个到 10 个时，Q/Q_{exp} 下降逐渐平缓，直到 Q/Q_{exp}=2.0（因子数=10）。从 2 个因子到 10 个因子，Q/Q_{exp} 在不同因子数之间的变化在 15%之内，暗示了长岛 PMF 因子数解析至少需要在 2 个以上。

图 4-29（b）展示了不同因子数下，各因子的贡献。结果显示从 2→3 个因子数以及 3→4 个因子数变化时，不同因子的贡献变化较大，而 4→5 和 5→6 个因子数变化时，固有因子的贡献值趋向于稳定，开始出现因子的分裂，例如 5 个因子数中噪声因子（Noise of Data）和 OOA1 的和约等于 4 个因子数中的 OOA1 的贡献，HOAII 的比例保持不变。暗示 4 个因子数的解析方案是比较合适的因子选择，同时进一步查看 5 个因子数的解析方案和 4 个因子数解析方案因子的时间序列和质谱图。结果显示相对于 4 个因子数，5 个因子数方案解析

出新的因子的时间序列是无意义的噪声信号，并且在之后所有的因子解析方案中（5~10 个因子数）都存在。而 4 个因子数的解析方案中的因子不论在时间序列还是质谱特征上都具有合理现实意义。

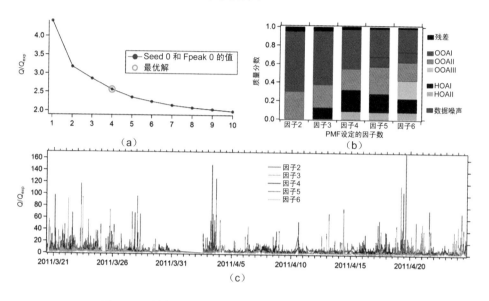

图 4-29　长岛 AMS 有机气溶胶 PMF 解析结果关键图 I

注：（a）Q/Q_{exp} 随着 PMF 模型解析因子 P 的变化；不同因子数（2~6）下，（b）各因子的贡献和（c）Q/Q_{exp} 的时间序列。

进一步查看 4 个因子数解析模型模拟结果的其他评价参数。（1）残差。图 4-29（c）显示了不同因子对应着不同时间点的残差 Q/Q_{exp} 比值。相对于 2 个因子数和 3 个因子数的解析方案，高于 4 个因子数的解析方案的 Q/Q_{exp} 时间序列已经开始稳定，差异较小，绝大部分的值在 40 之内，说明 4 个因子数以上的因子解析可以充分地模拟出 PMF 输入的有机气溶胶数据，残差较小。图 4-30 显示了 4 因子数解析方案残差的绝对质量（f）、Q/Q_{exp}（g）的时间序列与不同质荷比下 Q/Q_{exp}（h）。结果显示，4 个因子数下的残差矩阵的时间序列和每个因子的时间序列没有明显的相关性。质荷比大于 100 的离子碎片的 Q/Q_{exp} 较高，可能受到 4 个因子数解析中因子 4 的影响，见图 4-32。

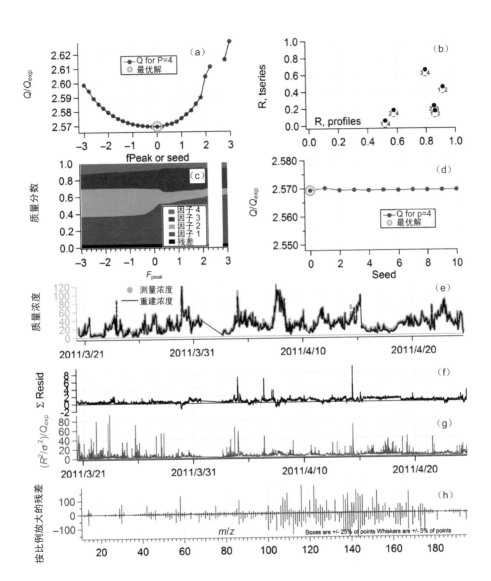

图 4-30　长岛 AMS 有机气溶胶 PMF 解析结果关键图 II

注：（a）当解析因子数 4 时，Q/Q_{exp} 随着 F_{peak} 的变化；（b）PMF 因子之间的相关性；（c）有机气溶胶因子的比例随 F_{peak} 的变化；（d）因子数 4 时 Q/Q_{exp} 随着不同种子的变化；（e）有机气溶胶的测量浓度和解析后重建浓度的时间序列；（f）残差（测量的-重建的）的时间序列；（g）Q/Q_{exp} 的时间序列；（h）盒子图展示了不同离子的残差值。

　　如果在某一因子数下不同随机种子得到的因子贡献是稳定的，会认为该因子是稳定的[25]。长岛有机气溶胶在 4 个因子数目下，不同随机种子（seed）下得到的结果一致[图 4-30（d）]，则认为 4 个因子数的解析结果是稳定和可信的。但值得注意的是，即使在同样的因子数下 PMF 模型也可以通过矩阵的旋转（F_{peak}）来增加 PMF 可能的解，得到更为合理的因子结果。利用 PMF2，一旦最优因子数确定了，接下来可以通过参数 F_{peak} 探讨解析因子的矩阵旋转自由度。GF = GTT^{-1}F 其中，T 是变换矩阵，T^{-1} 是 T 的逆矩阵。因为矩阵的旋转，会造成 Q 的增加。通常 Q 相对于 Q 最小值（F_{peak}=0），比值增加不大范围内（<3%）的 F_{peak} 是研究中所关注的[26,27]。文献中所报道的通常关注 F_{peak} 在−1 到 1 之间。通过旋转矩阵，长岛 4 因子的 Q/Q_{exp} 随着 F_{peak} 的变化如图 4-30（a）所示，在 F_{peak}−1 到 1 之间，Q/Q_{exp} 的变化小于 0.03%，选取不同 F_{peak}=1.6，0，−1.6 作为代表，探讨因子谱图和时间序列随着 F_{peak} 的变化，如图 4-31 所示。注意到，随着 F_{peak} 的改变，因子的时间序列和质谱会同时改变。一般正的 F_{peak} 会趋向于增加质谱中更多接近于 0 的值，减少时间序列中接近于 0 的值。负的 F_{peak} 会在时间序列中增加更多接近于 0 的值和减少质谱中接近于 0 的值[27]。长

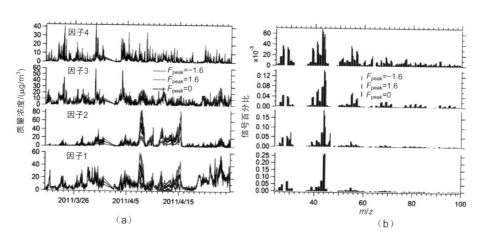

图 4-31　PMF 模型 4 个因子数时，各因子在不同 F_{peak} 下的时间序列

（a）和单位质谱特征（b）

岛不同因子随着 F_{peak} 的改变，时间序列和质谱特征变化不明显，较为稳定，仅因子 1 和因子 2 在 4 月 7 日至 15 日在时间序列出现了交换，但变化趋势仍较为一致。总的来说，不同 F_{peak} 下稳定的因子质谱特征和时间序列，以及与标准质谱和其他示踪物种较为一致的时间序列证明长岛 4 因子解的 PMF 的模拟结果是稳定的。最终长岛研究中，采用四个因子数（$F_{peak}=0$，Seed=0）的解析结果来进一步探讨不同因子来源和特征。

4.3.4.2 PMF 因子的质谱特征和浓度变化

PMF 没有严格的标准来衡量"最好"或者"真实"的解析结果，除了上述参数评价 PMF 结果的可靠性和稳定性以外，选择的 PMF 解析方案可以通过和已知的源质谱以及源示踪物质的时间序列比对，或者不同因子的日变化等来确定其最好的解析因子[26]。最终识别并确定长岛的 AMS 有机气溶胶 PMF 模型中 4 个解析因子分别为：还原性有机气溶胶（HOA），老化的氧化性有机气溶胶（LV-OOA），半挥发氧化性有机气溶胶（SV-OOA）以及煤燃烧有机气溶胶（CCOA）。

图 4-32 展示了 4 个因子的 AMS 质谱特征。还原性有机气溶胶首先被识别出来，长岛解析的 HOA 和其他研究解析出来的 HOA 谱图类似[28-31]。为了便于识别高质量分辨率的质谱特征，将 AMS 离子碎片分为五种离子类型：$C_xH_y^+$ 是还原性的烷基离子碎片；$C_xH_yO_z^+$ 是氧化性的含氧集团，一半来自有机气溶胶中的羧酸或者醛类；$C_xH_yN_p^+$ 是含 N 元素的烷基碎片；$C_xH_yO_zN_p^+$ 是氧化性的有机氮离子碎片；OH^+ 是水和羧酸打碎的离子碎片，和 CO_2^+（m/z 44）离子碎片成一定的线性关系。5 类离子碎片在质谱图中用不同的颜色分别被标识出来。HOA 中展示了相对于其他质谱较高丰度的 $C_xH_y^+$ 离子碎片（图 4-32，灰色），特别是 $C_nH_{2n+1}^+$（m/z 29，43，57，71，85，99···）和 $C_nH_{2n-1}^+$（m/z 27，41，55，69，83，97···）烷基碎片明显。但值得注意的是，长岛站点 HOA 中 OM/OC 为 1.43，O/C 为 0.34，较其他文献的解析得到的 HOA 偏高[28,30,32]，这可能是由于 HOA 在大气中经历了一定程度的氧化。但 HOA 与一次排放物甲苯、NO_x 以及 BC 等相关性较高（R 为 0.7），如表 4-3 所示。证明了 HOA 的一次源排放特征。和 NO_x 的较高一致性暗示 HOA 可能来自于机动车排放。HOA 日变化早 8 点和傍

晚 6 点的高峰和机动车日变化相一致，也证明了这点。HOA 中 *m/z* 60 占总有
机气溶胶比例非常低（＜0.04%），在非生物质燃烧的 *f*60 的比例范围内[33]，说
明 HOA 中生物质燃烧贡献非常低。

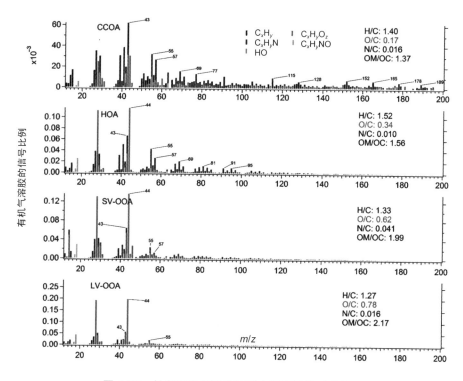

图 4-32　长岛观测得到的不同来源因子的质谱特征

注：由上至下分别为：煤燃烧有机气溶胶（CCOA）、还原性有机气溶胶（HOA）、半挥发性氧化性有机气
溶胶（SV-OOA）和低挥发性氧化性有机气溶胶（LV-OOA）。将离子碎片分为五类：C_xH_y是还原性的烷基
离子碎片；$C_xH_yO_2^+$是氧化性的离子碎片，一半来自于有机气溶胶中的羧酸或者醛类；$C_xH_yN_p^+$是含 N 元
素的烷基碎片；$C_xH_yO_2N_p^+$是氧化性的有机氮离子碎片；OH^+是和羧酸打碎的离子碎片。

长岛观测中受到周围民用煤燃烧排放的影响，煤燃烧排放被识别出。尽管
剔除了较为严重突出的煤燃烧阶段，但是剩余的时间段内有机气溶胶仍然受到
了煤燃烧源的影响。煤燃烧排放有机气溶胶在 PMF 源解析中被清晰地解析出

来，命名为 CCOA（Coal Combustion Organic Aerosol），约占该阶段总有机气溶胶浓度的 9%（下限值）。CCOA 的质谱特征属于典型的还原性有机气溶胶（图 4-32），充满烷基碎片 $C_nH_{2n+1}^+$（m/z 29，43，57，71，85，99…）和 $C_nH_{2n-1}^+$（m/z 27，41，55，69，83，97…）烷基碎片的峰。相较于 HOA，CCOA 的氧化性更低，O/C 为 0.16 低于 HOA 的 O/C 0.34，且 CCOA 还具有更高的 m/z 43（$C_3H_7^+$ 与 $C_2H_3O^+$）比 m/z 44（CO_2^+）的比率。但与 HOA 显著不同的是，CCOA 具有较高的高质荷比（质荷比大于 100）离子丰度。与其他研究结果对比发现[34,35]，该离子碎片来自于多环芳烃（PAHs）等有机物种的裂解[例如，m/z 128（萘），m/z 152（苊），m/z 178（菲，蒽）等]。Zhang 等人[12]报道民用煤燃烧的 PAHs 可以占有机气溶胶排放的 38%。为了进一步确认 CCOA 中的 PAHs 离子碎片是否具有煤燃烧排放有机气溶胶的特征，利用 VOCs 物种萘作为煤燃烧示踪物质，并根据物种萘的时间序列，筛选出煤燃烧影响和煤燃烧强烈阶段。分别求得两段时间内 AMS 的有机气溶胶平均谱图，结果如图 4-33（a）和（b）所示。结果显示煤燃烧时段内检测到的有机气溶胶谱图具有明显的质荷比大于 100 的 PAHs 碎片贡献，和 CCOA 的谱图相似。而煤燃烧强烈阶段内 AMS 的质谱图中 PAHs 离子碎片丰度更高，进一步证明 CCOA 因子来自于煤燃烧源。图 4-34 展示了 CCOA 和萘的时间序列，结果显示两者变化趋势相一致。表 4-3 展示了 CCOA 和其他物种的相关关系，结果显示 CCOA 和萘以及一次排放物苯的时间序列相关性较高，证明煤燃烧对苯也有较强的排放。虽然有研究显示生物质燃烧也会排放 PAHs[36,37]，但是图 4-33（c）展示的长岛观测期间生物质燃烧影响强烈阶段的 AMS 有机气溶胶质谱图中没有观测到明显的 PAHs 离子的贡献。CCOA 的日变化如图 4-35 所示，在早晨 7 点有明显高峰，海参养殖场早 6—7 点燃煤加热海水时间相一致（实地调研）。CCOA 的 OM/OC 为 1.35 与 O/C（0.15）和煤燃烧强烈阶段 OM/OC（1.33）与 O/C（0.17）的结果相类似。

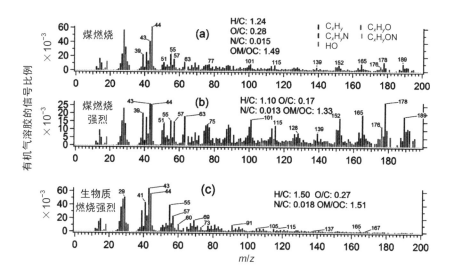

图 4-33　受煤燃烧影响（a-b）和生物质燃烧影响（c）阶段内有机气溶胶的平均质谱特征

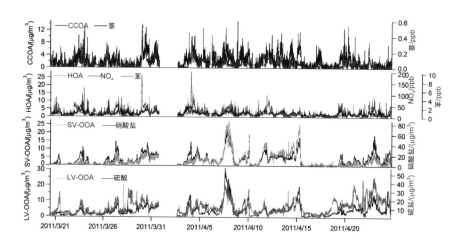

图 4-34　PMF 模型当因子数为 4 时，4 个因子的时间序列和源指示物种的比对

氧化性有机气溶胶 LV-OOA 和 SV-OOA 在长岛站点被识别出来。LV-OOA
和 SV-OOA 的质谱分布中氧化性离子（$C_xH_yO_z^+$）贡献突出。LV-OOA 氧化性离
子碎片丰度较 SV-OOA 氧化性更强，羧酸裂解的离子碎片 CO_2^+（m/z 44）占

LV-OOA 浓度的 25%，而该离子在 SV-OOA 中约为 16%。氧化性有机气溶胶（OOA）已经被广泛地研究和报道[27,28,38-40]，在生物质燃烧影响较小的情况下，OOA 被认为是 SOA 很好的替代物。长岛观测期解析得到的 LV-OOA 占总有机气溶胶浓度的 40%，SV-OOA 约占总浓度的 24%。LV-OOA、SV-OOA 和其他测量物种的相关性如表 4-3 所示，结果显示 LV-OOA 作为极度老化的物种和二次物种的相关性较好，和老化的硫酸盐相关性最高。而 SV-OOA 则也和硫酸盐、硝酸盐（图 4-34）以及丙酮等二次物种的浓度序列变化相一致。LV-OOA 的 O/C 为 0.78，氧化性高于 SV-OOA（O/C 为 0.62）。两个因子较高的氧化性状在 Ng 等人[28]总结的世界各地的 LV-OOA 和 SV-OOA 的平均范围之内（0.73±0.14 和 0.37±0.14），与 LV-OOA 主要来源于区域传输的 SOA，SV-OOA 主要代表新鲜生成的 SOA（半挥发性有机物的凝结和氧化）的研究结论相一致[29,30,32,41]。相较于 LV-OOA，长岛 SV-OOA 含有较高 N 元素，N/C 为 0.045。

表 4-3　当 PMF 因子数为 4 时，4 个因子时间序列与其他观测物种的相关关系

物种	因子 1	因子 2	因子 3	因子 4
	LV-OOA	SV-OOA	HOA	CCOA
SO_2	0.01	0.38	0.30	0.43
CO	0.33	0.44	0.60	0.44
NO	−0.02	−0.01	0.33	0.08
NO_x	0.17	0.41	0.69	0.42
NO_2	0.19	0.46	0.69	0.45
O_3	0.17	0.14	−0.41	−0.20
O_x	0.24	0.33	−0.09	0.02
硫酸盐	0.65	0.84	0.33	0.18
硝酸盐	0.62	0.85	0.48	0.31
铵盐	0.62	0.87	0.45	0.30
有机物	0.76	0.80	0.58	0.45

物种	因子 1	因子 2	因子 3	因子 4
	LV-OOA	SV-OOA	HOA	CCOA
氯离子	0.36	0.62	0.57	0.50
BC	0.37	0.69	0.53	0.57
乙醛	0.31	0.67	0.45	0.50
甲苯	0.19	0.52	0.62	0.60
苯	0.27	0.62	0.68	0.62
丙酮	0.37	0.66	0.23	0.33
乙腈	0.29	0.61	0.43	0.54
萘	0.12	0.48	0.49	0.61

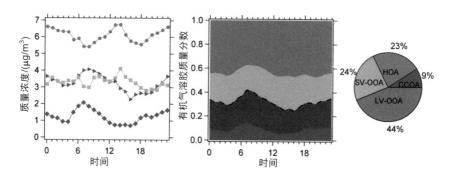

图 4-35　长岛 4 个 PMF 解析因子浓度的日变化（左）、PMF 因子占 OA 比例的
日变化（中）和 PMF 因子对 OA 的平均贡献（右）

注：其中中间图中的黑色虚线是 POA 的日变化曲线。

图 4-35 中展示了 SV-OOA 和 LV-OOA 浓度和占总有机气溶胶比例的日变化规律。结果显示 SV-OOA 占总有机气溶胶的比例日变化变化较小，约在 20% 左右，仅在下午 2—4 点有略微的上升（～30%）。Robinson 等人[42]烟雾箱研究发现 POA 是半挥发性的，可以有效地形成 SOA。图 4-35 显示，在 SV-OOA 比例增加的同时伴随着 HOA 比例下降，暗示 HOA 向 SV-OOA 氧化过程的发生。LV-OOA 的占总有机气溶胶比例高达 40% 以上。LV-OOA 的绝对浓度的日

变化显示其在白天有明显的二次生成的高峰，和 O_3 和硫酸盐的日变化相一致，但 LV-OOA 占总 OA 比例的日变化相对稳定。LV-OOA 在夜间的背景值为 5.9 μg/m³（20：00—第二天 4：00），有一部分原因可能是白天 SOA 的积累，也有可能是夜晚高湿情况下的液相转化。LV-OOA 和 SV-OOA 占总有机气溶胶比例高达 60%以上，揭示了区域背景点长岛有机气溶胶以 SOA 为主的高氧化性状态。

4.3.4.3　PMF 因子对重要源特征离子碎片的贡献

基于 HR-ToF-AMS 高质量分辨率的特点，PMF 因子的质谱图为已知元素组成的单离子碎片。在得到 PMF 的解析结果的基础上，可以识别不同 PMF 解析因子对单离子的贡献。单离子碎片相对于单位质荷比离子碎片的特征性和来源更为明确，研究源特征离子碎片的结构和来源贡献，有利于识别源特征离子的变化特征，深入了解不同因子来源特征，为以后有机气溶胶的因子识别提供有效信息。

有机气溶胶总离子碎片结构复杂，按有机气溶胶按照元素组成和来源特征分为 5 类：$C_xH_y^+$、$C_xH_yO_z^+$、$C_xH_yO_zN_p^+$、$C_xH_yN_p^+$ 和 $H_yO_z^+$。图 4-36 展示了长岛不同 PMF 因子对不同类别的离子碎片贡献，离子碎片的面积和离子碎片质量成正比关系。$C_xH_y^+$ 是长岛总有机气溶胶离子主要组成部分，约占有机气溶胶浓度的 45%。长岛解析的 HOA 对 $C_xH_y^+$ 类离子碎片贡献约为 34%，高于 HOA 对有机气溶胶的贡献比例（23%）。与 HOA 相反，LV-OOA 对 $C_xH_y^+$ 烷烃离子贡献为 33%，低于其对有机气溶胶的比例（44%）。$C_xH_yO_z^+$ 氧化性离子碎片则主要由 LV-OOA（54%）和 SV-OOA（26%）贡献，比其对 OA 的平均贡献值高 1.2 倍。而含 N 元素的离子碎片（$C_xH_yO_zN_p^+$ 和 $C_xH_yN_p^+$）则主要由半挥发氧化性有机气溶胶（SV-OOA）贡献（～45%），SV-OOA 质谱图也显示该因子含有较高的 N/C（～0.041）。

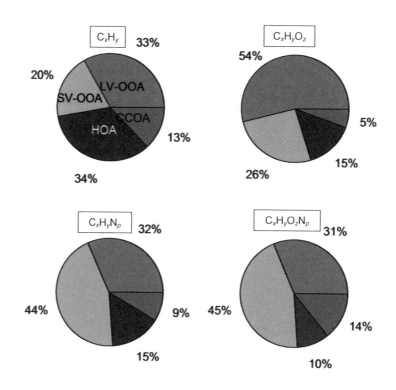

图 4-36 长岛 4 个 PMF 因子对不同类离子的贡献比例

结合文献报道和本研究结果[43-45]，筛选能够代表不同有机气溶胶来源的源特征离子，如图 4-37 所示。m/z 43 是由氧化性离子碎片和还原性离子碎片共同贡献的[46]。通过对 HR-ToF-AMS 离子碎片的识别，发现长岛观测期间 $C_2H_3O^+$ 约占 m/z 43 总质量的碎片 74%，烷基离子碎片 $C_3H_7^+$ 和含氮氧离子碎片 $CHNO^+$ 平均分别占 m/z 43 质量的 23% 和 3%（图 4-37）。其中，$C_3H_7^+$ 主要由还原性因子 HOA 和 CCOA 贡献，而与此相反 $C_2H_3O^+$ 则主要由氧化性有机气溶胶（SV-OOA 和 LV-OOA）贡献，含 N 离子碎片 $CHNO^+$ 则几乎由 SV-OOA 贡献，和之前将不同离子分类的结果相一致（图 4-36）。以 m/z 43 的单离子碎片识别为例可以发现，单位质荷比（单位 m/z）可以是不同来源有机气溶胶离子碎片的集合，来源复杂。建立在 TOF 检测器基础上的高质量分辨率的离子碎片检测

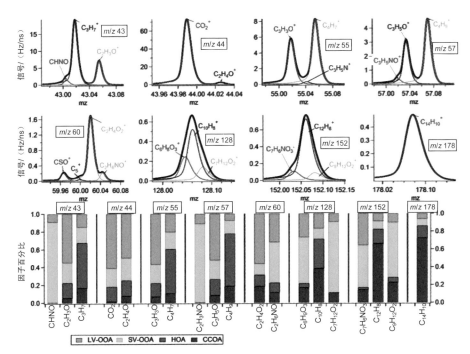

图 4-37　长岛以某时刻为例（4 月 7 日 18：30）的 AMS 源特征离子的分布，
以及整个观测期间不同 PMF 因子对源特征离子的平均贡献

和识别，可以增加输入物种的代表性，从而提高 PMF 模型中因子的解析和识别
特征。氧化性质荷比 m/z 44 主要由羧酸离子碎片 CO_2^+ 构成（96%），$C_2H_4O^+$ 仅
占 3.5%。实验室研究发现 CO_2^+ 主要来自于有机气溶胶中羧酸基团的裂解[47]。
长岛观测期间，CO_2^+ 主要由 LV-OOA（50%）贡献，SV-OOA 平均占 21%。暗
示长岛 LV-OOA 可能富含二次氧化的羧酸物种。除此以外，由于 CO_2^+ 含两个氧
原子，因此其对于有机气溶胶 O/C 贡献明显，通常 m/z 44 丰度越高，有机气溶
胶氧化性越强。m/z 55 和 m/z 57 是典型的烷基离子碎片主要由 $C_4H_7^+$（C_nH_{2n-1}）
和 $C_4H_9^+$（C_nH_{2n+1}）构成，通常认为 $C_4H_7^+$ 来自于直链烷烃类，而 $C_4H_9^+$ 来自环
烷烃类。单离子碎片显示 m/z 55 和 m/z 57 除烷烃离子碎片以外，还有来自非
羧酸类氧化性物种的含氧离子碎片贡献（$C_3H_3O^+$ 和 $C_3H_5O^+$）。m/z 55 和 m/z 57

中烷基离子碎片和含氧离子碎片的质量相当。

研究发现，AMS 检测得到的 m/z 60 离子碎片可以作为生物质燃烧的示踪物，主导 m/z 60 总质量的 $C_2H_4O_2^+$ 在实验中被识别为生物质燃烧示踪物左旋葡聚糖的主要质谱裂解碎片[16,44]。长岛观测得到 m/z 60 离子碎片主要由 $C_2H_4O_2^+$（83%），CSO^+（10%）和 $C_2H_6NO^+$（7%）构成。长岛观测期间，未解析得到生物质燃烧源有机气溶胶，暗示长岛观测期间生物质燃烧对有机气溶胶贡献非常小。VOCs 物种乙腈（CH_3CN）和 CO 在长岛观测期间的平均排放比[0.39（$\mu g/m^3$）/ppm]处于全球城市乙腈/CO 排放比（0.1～0.4）之间，远远小于生物质燃烧的比值（1.1～17.3）也证明了长岛观测期间生物质燃烧排放较小[48]。本次观测中 m/z 60 离子碎片占总有机气溶胶浓度比例（$f60$）较低＜0.4%，和外场实验室总结得到的 m/z 60 在非生物质燃烧阶段的背景浓度的 $f60$ 值（0.3%）相当[16,49,50]。该背景 $C_2H_4O_2^+$ 主要由氧化性有机气溶胶 LV-OOA 贡献。煤燃烧有机气溶胶约贡献 20%。同时 m/z 60 中 $C_2H_6NO^+$ 则和其他含 N 离子碎片类似，主要由 SV-OOA 贡献。

m/z 128，m/z 152 和 m/z 178 被认为主要来自于多环芳烃 PAHs 的裂解[34]。m/z 128 和 m/z 152 质荷比较低，除了由主要离子碎片的 PAH 离子碎片 $C_{10}H_8^+$（萘，占单位质荷比的 80%）和 $C_{12}H_8^+$（80%）组成以外，还有分别有 20% 的氧化性离子碎片贡献：$C_6H_8O_3^+$ 与 $C_7H_{12}O_2^+$ 平均贡献 m/z 128 质量的 14% 和 5%；$C_7H_6NO_3^+$ 与 $C_9H_{12}O_2^+$ 平均贡献 m/z 152 的 10% 和 9%。m/z 178 则主要由 $C_{14}H_{10}^+$（蒽或菲）贡献。PAHs 离子碎片除了煤燃烧 CCOA 贡献以外，还有相当量的还原性有机气溶胶 HOA 贡献，如图 4-37 所示。随着碳数的增大，CCOA 对 PAHs 离子碎片 $C_{10}H_8^+$，$C_{12}H_8^+$，$C_{14}H_{10}^+$ 的贡献愈大（40%～70%）。但是遗憾的是这次观测 W 模式对 m/z 200 以上的离子进行扫描，导致 m/z 大于 200 的单离子碎片无法识别，不能考察更高碳数 PAHs 离子碎片的贡献。

4.4　小结

本研究通过中国东部沿海的两个站点和两次船走航的综合观测，揭示了我国东部沿海气态和颗粒态污染物的浓度水平、空间分布等污染特征，研究结果表明，由于东亚季风的作用以及陆源污染物的大量排放，中国东部沿海大气受到陆源污染物的强烈影响。这种影响在气态和颗粒态污染物的浓度中的表现一般为：北方站点长岛 ＞ 南方站点温岭 ＞ 第一次走航的黄海 ＞ 第一次走航的东海 ＞ 第二次走航的东海。

　　大气颗粒物主要化学组成的浓度水平和日变化特征是进一步研究颗粒物排放特征、来源和二次转化规律的基础。本章通过介绍东部沿海地区观测的亚微米级颗粒物浓度变化的时间序列，研究主要化学组分的浓度水平和日变化规律，识别影响亚微米级颗粒物污染特征的主要因素。综合比较国内外的观测结果，探讨我国亚微米级颗粒物污染特征与国外研究结果的差异。

　　有机气溶胶来源解析是进一步探讨有机气溶胶一次源排放和二次生成机制的基础。本章利用正交因子矩阵受体模型（PMF，版本PMF2.0），对四次外场观测得到的有机气溶胶进行来源解析，得到不同来源有机气溶胶的浓度水平、日变化规律和质谱特征，进而与世界其他地区源解析结果进行比较。最后，本章探讨了城市地区有机气溶胶的一次源排放和总浓度与CO的增量比，以及该比值在生物质燃烧源影响下的变化特征。

参考文献

[1]　胡伟伟. 我国典型大气环境下亚微米有机气溶胶来源与二次转化研究[D]. 北京大学，2012.

[2]　Zhang Q，Jimenez JL，Canagaratna MR，Allan JD，Coe H，Ulbrich I，et al. Ubiquity and dominance of oxygenated species in organic aerosols in anthropogenically-influenced Northern Hemisphere midlatitudes[J]. Geophysical Research Letters，2007，34（13）.

[3]　Shank LM，Howell S，Clarke AD，Freitag S，Brekhovskikh V，Kapustin V，et al. Organic matter and non-refractory aerosol over the remote Southeast Pacific：oceanic and combustion sources[J]. Atmospheric Chemistry and Physics，2012，12（1）：557-576.

[4]　Lee YN，Springston S，Jayne J，Wang J，Hubbe J，Senum G，et al. Chemical composition

and sources of coastal marine aerosol particles during the 2008 VOCALS-REx campaign[J]. Atmos Chem Phys，2014，14（10）：5057-5072.

[5]Eckhardt S，Hermansen O，Grythe H，Fiebig M，Stebel K，Cassiani M，et al. The influence of cruise ship emissions on air pollution in Svalbard & ndash；a harbinger of a more polluted Arctic？[J]. Atmos Chem Phys，2013，13（16）：8401-8409.

[6] Hou XW，Zhu B，Kang HQ，Gao JH. Analysis of seasonal ozone budget and spring ozone latitudinal gradient variation in the boundary layer of the Asia-Pacific region[J]. Atmospheric Environment，2014，94：734-741.

[7] Yuan B，Liu Y，Shao M，Lu S，Streets DG. Biomass Burning Contributions to Ambient VOCs Species at a Receptor Site in the Pearl River Delta（PRD），China[J]. Environmental Science & Technology，2010，44（12）：4577-4582.

[8] de Gouw JA，Middlebrook AM，Warneke C，Goldan PD，Kuster WC，Roberts JM，et al. Budget of organic carbon in a polluted atmosphere：Results from the New England Air Quality Study in 2002[J]. Journal of Geophysical Research-Atmospheres，2005，110（D16）：doi：10.1029/2004JD005623.

[9] de Gouw JA，Welsh-Bon D，Warneke C，Kuster WC，Alexander L，Baker AK，et al. Emission and chemistry of organic carbon in the gas and aerosol phase at a sub-urban site near Mexico City in March 2006 during the MILAGRO study[J]. Atmospheric Chemistry and Physics，2009，9（10）：3425-3442.

[10] de Gouw JA，Warneke C，Parrish DD，Holloway JS，Trainer M，Fehsenfeld FC. Emission sources and ocean uptake of acetonitrile（CH_3CN）in the atmosphere[J]. Journal of Geophysical Research-Atmospheres，2003，108（D11）：Doi 10.1029/2002jd002897.

[11] Warneke C，McKeen SA，de Gouw JA，Goldan PD，Kuster WC，Holloway JS，et al. Determination of urban volatile organic compound emission ratios and comparison with an emissions database[J]. Journal of Geophysical Research-Atmospheres，2007，112（D10）.

[12] Zhang YX，Schauer JJ，Zhang YH，Zeng LM，Wei YJ，Liu Y，et al. Characteristics of particulate carbon emissions from real-world Chinese coal combustion[J]. Environmental Science & Technology，2008，42（14）：5068-5073.

[13] Gard EE，Kleeman MJ，Gross DS，Hughes LS，Allen JO，Morrical BD，et al. Direct Observation of Heterogeneous Chemistry in the Atmosphere[J]. Science，1998，279（5354）：1184-1187.

[14] Finlayson-Pitts BJ，Pitts JN. Chemistry of the upper and lower atmosphere：Theory，experiments，and applications[M]. Academic Press，2000.

[15] Zhuang H，Chan CK，Fang M，Wexler AS. Formation of nitrate and non-sea-salt sulfate on coarse particles[J]. Atmospheric Environment，1999，33（26）：4223-4233.

[16] Aiken AC，de Foy B，Wiedinmyer C，DeCarlo PF，Ulbrich IM，Wehrli MN，et al. Mexico city aerosol analysis during MILAGRO using high resolution aerosol mass spectrometry at the urban supersite（T0）- Part 2：Analysis of the biomass burning contribution and the non-fossil carbon fraction[J]. Atmospheric Chemistry and Physics，2010，10（12）:5315-5341.

[17] Andreae MO，Artaxo P，Fischer H，Freitas SR，Gregoire JM，Hansel A，et al. Transport of biomass burning smoke to the upper troposphere by deep convection in the equatorial region[J]. Geophysical Research Letters，2001，28（6）：951-954.

[18] Bond TC，Streets DG，Yarber KF，Nelson SM，Woo J-H，Klimont Z. A technology-based global inventory of black and organic carbon emissions from combustion[J]. J Geophys Res，2004，109（D14）：D14203.

[19] Yokelson RJ，Urbanski SP，Atlas EL，Toohey DW，Alvarado EC，Crounse JD，et al. Emissions from forest fires near Mexico City[J]. Atmos Chem Phys，2007，7（21）：5569-84.

[20] Stone R. Beijing's marathon run to clean foul air nears finish line[J]. Science，2008，321（5889）：636-637.

[21] Gustafsson O，Krusa M，Zencak Z，Sheesley RJ，Granat L，Engstrom E，et al. Brown Clouds over South Asia：Biomass or Fossil Fuel Combustion？[J]. Science，2009，323（5913）：495-498.

[22] Gaffney JS，Marley NA. The impacts of combustion emissions on air quality and climate - From coal to biofuels and beyond[J]. Atmospheric Environment，2009，43（1）：23-36.

[23] Paatero P，Hopke PK，Song XH，Ramadan Z. Understanding and controlling rotations in factor analytic models[J]. Chemometrics and Intelligent Laboratory Systems，2002，60(1-2)：

253-264.

[24] Paatero P，Hopke PK. Discarding or downweighting high-noise variables in factor analytic models[J]. Analytica Chimica Acta，2003，490（1-2）：277-289.

[25] Paatero P. Least squares formulation of robust non-negative factor analysis[J]. Chemometrics and Intelligent Laboratory Systems，1997，37（1）：23-35.

[26] Paatero P. User's guide for positive matrix factorization programs PMF2.EXE and PMF3.EXE[J]. University of Helsinki，2007：Finland.

[27] Ulbrich IM，Canagaratna MR，Zhang Q，Worsnop DR，Jimenez JL. Interpretation of organic components from Positive Matrix Factorization of aerosol mass spectrometric data[J]. Atmospheric Chemistry and Physics，2009，9（9）：2891-2918.

[28] Ng NL，Canagaratna MR，Jimenez JL，Zhang Q，Ulbrich IM，Worsnop DR. Real-Time Methods for Estimating Organic Component Mass Concentrations from Aerosol Mass Spectrometer Data[J]. Environmental Science & Technology，2011，45（3）：910-916.

[29] Huang XF，He LY，Hu M，Canagaratna MR，Kroll JH，Ng NL，et al. Characterization of submicron aerosols at a rural site in Pearl River Delta of China using an Aerodyne High-Resolution Aerosol Mass Spectrometer[J]. Atmos Chem Phys，2011，11（5）：1865-1877.

[30] Huang XF，He LY，Hu M，Canagaratna MR，Sun Y，Zhang Q，et al. Highly time-resolved chemical characterization of atmospheric submicron particles during 2008 Beijing Olympic Games using an Aerodyne High-Resolution Aerosol Mass Spectrometer[J]. Atmospheric Chemistry and Physics，2010，10（18）：8933-8945.

[31] Sun YL，Zhang Q，Schwab JJ，Chen WN，Bae MS，Hung HM，et al. Characterization of near-highway submicron aerosols in New York City with a high-resolution time-of-flight aerosol mass spectrometer[J]. Atmos Chem Phys Discuss，2011，11（11）：30719-30755.

[32] Jimenez JL，Canagaratna MR，Donahue NM，Prevot ASH，Zhang Q，Kroll JH，et al. Evolution of Organic Aerosols in the Atmosphere[J]. Science，2009，326（5959）：1525-1529.

[33] Cubison MJ，Ortega AM，Hayes PL，Farmer DK，Day D，Lechner MJ，et al. Effects of aging on organic aerosol from open biomass burning smoke in aircraft and laboratory studies[J]. Atmos Chem Phys，2011，11（23）：12049-12064.

[34] Dzepina K，Arey J，Marr LC，Worsnop DR，Salcedo D，Zhang Q，et al. Detection of particle-phase polycyclic aromatic hydrocarbons in Mexico City using an aerosol mass spectrometer[J]. International Journal of Mass Spectrometry，2007，263（2-3）：152-170.

[35] Weimer S，Alfarra MR，Schreiber D，Mohr M，Prévôt ASH，Baltensperger U. Organic aerosol mass spectral signatures from wood-burning emissions：Influence of burning conditions and wood type[J]. J Geophys Res，2008，113（D10）：doi：10.1029/2007jd009309.

[36] Elsasser M，Crippa M，Orasche J，DeCarlo PF，Oster M，Pitz M，et al. Organic molecular markers and signature from wood combustion particles in winter ambient aerosols：aerosol mass spectrometer（AMS）and high time-resolved GC-MS measurements in Augsburg，Germany[J]. Atmos Chem Phys，2012，12（14）：6113-6128.

[37] Poulain L，Iinuma Y，Müller K，Birmili W，Weinhold K，Brüggemann E，et al. Diurnal variations of ambient particulate wood burning emissions and their contribution to the concentration of Polycyclic Aromatic Hydrocarbons（PAHs）in Seiffen，Germany[J]. Atmospheric Chemistry and Physics，2011，11（24）：12697-12713.

[38] Zhang Q，Worsnop DR，Canagaratna MR，Jimenez JL. Hydrocarbon-like and oxygenated organic aerosols in Pittsburgh：insights into sources and processes of organic aerosols[J]. Atmospheric Chemistry and Physics，2005，5：3289-3311.

[39] Lanz VA，Alfarra MR，Baltensperger U，Buchmann B，Hueglin C，Prevot ASH. Source apportionment of submicron organic aerosols at an urban site by factor analytical modelling of aerosol mass spectra[J]. Atmospheric Chemistry and Physics，2007，7（6）：1503-1522.

[40] Aiken AC，Salcedo D，Cubison MJ，Huffman JA，DeCarlo PF，Ulbrich IM，et al. Mexico City aerosol analysis during MILAGRO using high resolution aerosol mass spectrometry at the urban supersite（T0）- Part 1：Fine particle composition and organic source apportionment[J]. Atmospheric Chemistry and Physics，2009，9（17）：6633-6653.

[41] Lanz VA，Prevot ASH，Alfarra MR，Weimer S，Mohr C，DeCarlo PF，et al. Characterization of aerosol chemical composition with aerosol mass spectrometry in Central Europe：an overview[J]. Atmospheric Chemistry and Physics，2010，10（21）：10453-10471.

[42] Robinson AL，Donahue NM，Shrivastava MK，Weitkamp EA，Sage AM，Grieshop AP，

et al. Rethinking organic aerosols: Semivolatile emissions and photochemical aging[J]. Science, 2007, 315 (5816): 1259-1262.

[43] Ng NL, Canagaratna MR, Jimenez JL, Chhabra PS, Seinfeld JH, Worsnop DR. Changes in organic aerosol composition with aging inferred from aerosol mass spectra[J]. Atmos Chem Phys, 2011, 11 (13): 6465-6474.

[44] Alfarra MR, Prevot ASH, Szidat S, Sandradewi J, Weimer S, Lanz VA, et al. Identification of the mass spectral signature of organic aerosols from wood burning emissions[J]. Environmental Science & Technology, 2007, 41 (16): 5770-5777.

[45] Mohr C, Huffman JA, Cubison MJ, Aiken AC, Docherty KS, Kimmel JR, et al. Characterization of Primary Organic Aerosol Emissions from Meat Cooking, Trash Burning, and Motor Vehicles with High-Resolution Aerosol Mass Spectrometry and Comparison with Ambient and Chamber Observations[J]. Environmental Science & Technology, 2009, 43 (7): 2443-2449.

[46] Ng NL, Canagaratna MR, Zhang Q, Jimenez JL, Tian J, Ulbrich IM, et al. Organic aerosol components observed in Northern Hemispheric datasets from Aerosol Mass Spectrometry[J]. Atmospheric Chemistry and Physics, 2010, 10 (10): 4625-4641.

[47] Alfarra MR, Coe H, Allan JD, Bower KN, Boudries H, Canagaratna MR, et al. Characterization of urban and rural organic particulate in the lower Fraser valley using two aerodyne aerosol mass spectrometers[J]. Atmospheric Environment, 2004, 38 (34): 5745-5758.

[48] 袁斌. 挥发性有机物（VOCs）化学转化的量化表征及其应用研究[D]. 北京大学, 2012.

[49] DeCarlo PF, Dunlea EJ, Kimmel JR, Aiken AC, Sueper D, Crounse J, et al. Fast airborne aerosol size and chemistry measurements above Mexico City and Central Mexico during the MILAGRO campaign[J]. Atmospheric Chemistry and Physics, 2008, 8 (14): 4027-4048.

[50] Elsasser M, Crippa M, Orasche J, DeCarlo PF, Oster M, Pitz M, et al. Organic molecular markers and signature from wood combustion particles in winter ambient aerosols: aerosol mass spectrometer（AMS）and high time-resolved GC-MS measurements in Augsburg, Germany[J]. Atmos Chem Phys Discuss, 2012, 12 (2): 4831-4866.

5

我国沿海地区大气颗粒物来源分析

　　大气颗粒物复杂的物理化学性质的表征对于甄别大气颗粒物来源和制定减排政策是极其重要的。制定大气颗粒物排放的削减政策，需要解决两个主要问题：①大气颗粒物一次排放源和二次颗粒物前体物排放源是哪些？②这些源来自哪里？[1]也就是说，改善环境空气质量，拥有蓝天，就需要确定影响环境大气受体点 $PM_{2.5}$ 质量浓度的一次和二次污染源的属性是局地的、区域的还是更大范围大陆间的背景。表征处于关键位置的受体点来源和识别这些源所在源区的物理位置在决策中是必不可少的。但是，合理回答上述两个问题需要一系列分析手段，包括大气污染物浓度和气象参数的观测、排放清单的建立和空气质量模型模拟。目的是识别大气颗粒物的来源，确定污染源排放各种大气污染物的排放因子，认识污染物从来源区到下风向受体点的传输路径，评价传输时由物理化学转化过程导致的气溶胶的动力学特性[2]。这些过程的相对重要性因空间和时间的不同而有非常大的差异性。

5.1　总潜在源区贡献函数模型

　　采用总潜在源区贡献函数（Total Potential Source Contribution Function，TPSCF）模型作为研究方法，该方法得到的结果即是对受体点测量物种有显著贡献的源位于指定区域内的条件概率，该方法不仅相对简单，容易实现，而且在所有轨迹系统模型中得到了最为广泛的应用[3,4]。

5.1.1　模型的基本原理

　　1985 年 Ashbaugh 等人[5]开发了停留时间分析的统计方法，这个方法可以用于估计气团在一个指定地理区域的停留时间。基于停留时间分析法，Malm 等人[6]在次年提出了概率函数，即潜在源区贡献函数（Potential Source Contribution Function，PSCF）。1993 年，Cheng 等人[7]通过计算和合并不同高度的反向轨迹改进了该方法，命名为总潜在源区贡献函数，从而使该方法的条件概率能够更加全面地描述三维传输，并在随后 Hopke 等人[8]对不同空间尺度的研究中得到了验证。

　　停留时间分析法是一种定量污染物源区对受体点相对贡献的方法。该方法用于估计气团在所研究区域的停留时间。这是一种定性污染源的归属地的技术，通过这种分析得到一个概率密度函数，并据此识别在给定时期内气团在传输到受体点的路径上经过指定区域的可能性。与快速通过污染物源区的气团相比，在源区停留时间较长的气团有更多的时间累积污染物[3]。它利用统计技术得到气团在到达受体点前通过的源区或传输的路径。潜在源区贡献函数即由该方法发展而来。

　　PSCF 基于以下概念：污染源位于某网格，气团经过该单元时将累积该污染源排放的污染物并传输至受体点。后向跟踪气团的时间和空间就可以揭示污染物的源区。如果污染源经由排放、传输、转化和沉降等一系列过程后，对受体点某种污染物还有着显著的贡献量，那么该污染源位于此网格的条件概率就比较高，也就能据此识别对受体点高浓度污染物有潜在贡献的源区。因此，PSCF即是条件概率函数[9]。

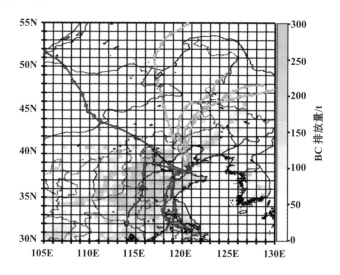

图 5-1　PSCF 的计算示例（以长岛为受体点）

注：红色线对应经过排放量大的源区的反向轨迹，粉色线对应经过排放量小的源区的反向轨迹。地图的陆地颜色表示 2010 年 BC 的月均排放量（中国台湾和朝鲜、韩国、日本的数据为 INTEX-B 2006 年排放量的月均值）。

数据来源：http：//www.meicmodel.org，http：//mic.greenresource.cn/intex-b2006/。

PSCF 的计算需要物种浓度数据和气象数据。反向轨迹结合源清单只能判断受体点发生污染事件时气团经过的污染物排放量大的地区，给出的是污染物源于地理上的哪个扇区或象限的半定量信息[5]，结合受体点的污染物浓度信息，PSCF 则能给出观测期间概率较大的具体的贡献源区。PSCF 模型对落入某一网格的反向轨迹段节点进行统计。该网格与受体点发生污染物浓度大于设定阈值的污染事件的可能性相关。该网格的 PSCF 值即是气团经过某一网格并导致受体点的污染物浓度高于设定阈值的概率。具有 PSCF 高值的网格即可认为是受体点污染物的可能源区。如果轨迹经过网格并能将该网格内排放的污染物有效地传输至受体点的话，那么该网格的条件概率就会接近于 1，并被识别为排放源所在的地区。所以 PSCF 模型提供的是一种在地图上表示污染源位于某一地理区域的可能性的方法，但是它无法解析污染物源区对受体点的贡献量。

气团轨迹可以分成一系列的段，每一段代表一定时间。反向轨迹的节点即是一定时间间隔的轨迹段的终点，如 72 小时的反向轨迹，以 1 小时为时间间隔，即每隔 1 小时为一轨迹段，该反向轨迹的节点数则为 72，以此类推。因此，节点数是对轨迹在网格内的停留时间的度量。在理想状态下，如果所有轨迹都通过污染物高排放量的源区（图 5-1 中的红色线），也就是这些区域内的节点数量众多，那么气团将从这些源区输送大量的污染物到受体点。在受体点测量到的该污染物的浓度必将很高。相反地，如果所有轨迹都通过污染物低排放量的洁净地区（图 5-1 中的粉色线），那么该污染物在受体的浓度必将很低。因此，通过源区的轨迹段节点数和对应受体点的污染物浓度将有很强的共变关系。但是，实际的情形则是某些轨迹同时通过污染物高排放量源区和洁净地区，在从源区到受体点的传输过程中污染物的化学转化和干沉降或湿沉降并没有考虑在内，这些都会减弱两者的共变性[6,10,11]。

PSCF 模型的大致计算过程如图 5-1 所示。首先通过 HYSPLIT 软件计算观测时期内的反向轨迹，然后将反向轨迹所覆盖的研究区域划分为一系列网格，最后统计各个网格内的轨迹段节点数（通常 1 个小时的轨迹段对应 1 个节点）来计算 PSCF 值。如果 N 是在观测时期 T 内所有反向轨迹的段节点总数，事件 A_{ij} 代表该时期内有 n_{ij} 个反向轨迹的段节点停留于第 ij 个网格，那么 A_{ij} 的发生

概率可以由以下公式计算:

$$P_{A_{ij}} = \frac{n_{ij}}{N} \qquad (1)$$

如果高浓度污染事件 B_{ij} 代表当污染物浓度高于阈值时该时期内有 m_{ij} 个反向轨迹的段节点停留于同一（第 ij 个）网格内，那么 B_{ij} 的发生概率可以由以下公式计算:

$$P_{B_{ij}} = \frac{m_{ij}}{N} \qquad (2)$$

第 ij 个网格的 PSCF 值即可定义为:

$$PSCF_{ij} = \frac{P_{B_{ij}}}{P_{A_{ij}}} = \frac{m_{ij}}{n_{ij}} \qquad (3)$$

这个值是在 ij 网格停留过的任意气团给受体点带来高于浓度阈值的污染事件的概率。那些概率高的地区就会有很大的可能影响受体点的污染物浓度[5]。

污染物浓度阈值取决于污染物浓度数据的分布结构。一般在浓度分布上选择 75%分位数作为大部分化学物种的浓度阈值，而少数浓度分布不同的污染物则选择平均值用于 PSCF 的分析，这是为了避免更高的阈值掩盖潜在的污染物贡献[9]。PSCF 描述的即是由到达受体点的反向轨迹显示的污染物可能源区在地理上的空间分布。值得特别注意的是，PSCF 高值只表明该区域存在潜在的污染物源区，污染源的具体位置则是未知的[12]。这是由 PSCF 方法要求网格足够大以保证合理数量的轨迹段被计入其中的原理缺陷以及气团反向轨迹计算本身的不确定性决定的[8,13]。

Cheng 等人[7]改进了 PSCF 的方法，并名之为总潜在源区贡献函数（TPSCF），它考虑了到达受体点不同高度的气团，其计算公式如下:

$$TPSCF_{ij} = \frac{m_{ij}}{n_{ij}} = \frac{\sum m_{ij}^k}{\sum n_{ij}^k} \qquad (4)$$

处于外缘的许多网格的 $\sum n_{ij}^k$ 极小，如果与受体点污染物浓度峰值相关联的轨迹恰好经过这些网格，TPSCF 就会产生错误的高值，导致错误地将污染源归属到这些区域。为了减少网格内极小 $\sum n_{ij}^k$ 引起虚假高值的影响，通常要给

TPSCF$_{ij}$ 乘上一个权重函数 $W\left(\sum n_{ij}^k\right)$。文献通常用 3 倍的网格平均节点数作为 $\sum n_{ij}^k$ 的临界值得到权重函数[14,15]。但是如果有某条反向轨迹的长度与其他明显不同，覆盖更多的网格，就会使平均节点数被低估[16]。因此使用受体点一个高度上的总反向轨迹数（T）的指数来决定权重范围[17]，如下：

$$W\left(\sum n_{ij}^k\right)=\begin{cases} 1, & T^{0.7}<\sum n_{ij}^k \\ 0.7, & T^{0.56}<\sum n_{ij}^k \leqslant T^{0.7} \\ 0.42, & T^{0.42}<\sum n_{ij}^k \leqslant T^{0.56} \\ 0.17, & \sum n_{ij}^k \leqslant T^{0.42} \end{cases}$$

（5）

权重函数降低或消除了极小 $\sum n_{ij}^k$ 造成该网格虚假高值的偶然影响，但不会影响这些反向轨迹经过的其他 $\sum n_{ij}^k$ 足够大的网格。

5.1.2 模型的优势及其局限性

PSCF 模型的优势之一是它能解析出对受体点显著贡献的所有源。排放量小的局地源的贡献可能多于排放量大而距离远的污染源。此外，主导风向在模型中扮演重要作用，也就是当采样点在污染源的下风向时污染物就会随风传输到受体点。如果仅仅使用一小部分浓度数据和反向轨迹，PSCF 模型可能无法在这样的区域解析到污染源。在可用的反向轨迹信息足够的假设下，PSCF 模型可以在城市到半个地球的尺度上提供有用信息[9]。因此，虽然该方法在处理复杂的传输和沉降过程时相对简单，但是它能够定性指示大气污染物的源区。除此之外，该方法能够验证由因子分析方法解析的来源[18]。

PSCF 模型有其自身的局限性，最突出的问题是由其局限性造成的几类假象[9]。第一类假象是由位于所计算的反向轨迹范围之外的排放源导致的边界效应。这个效应表现为沿轨迹路径末端的边界分布着一些潜在源贡献很高的网格。第二类假象是由某些特殊地貌导致的。Gao 在南加州 Rubidoux 对 SO$_2$ 的 PSCF 研究结果可以很好地说明这类假象。来自西海岸的气团携带大量 SO$_2$，当穿过基诺山和圣安娜山形成的狭窄通道到达 Rubidoux 时，这一通道所在的地区在 PSCF 图上就会显示为 SO$_2$ 的高潜在源区。第三类假象的产生是因为，少数与高浓度样品相关联的轨迹的末端有着远远不同于绝大多数轨迹的路径。这些少数轨迹经过的所有区域在 PSCF 图上显示为高潜在源区，因为落入这些轨迹末端对应网格的轨迹节点数较多而无法降低这种效应的权重。

另一个尚未解决的问题是没有参数来指示模型的不确定性。因此对模型的不确定性了解得越透彻，就越有助于提高模型预测的准确性[9]。计算 PSCF 所用的网格要足够大，以减少统计上的不确定性；模型预测的准确性主要依赖于气团反向轨迹计算的准确性，反向轨迹计算的不确定性会造成污染物源区识别的误差[19]。一方面轨迹段的误差随着与受体点距离的增加而增加[4,20]，另一方面即使轨迹段节点会有 HYSPLIT 本身计算和说明时带来的不确定性，但如果误差是随机而非系统性的，那么就可以由足够的样品数（轨迹段节点数）计算得到精确的污染物源区[12]。

5.1.3 模型结果与源清单的相互验证

这里采用 2010 年中国多尺度排放源清单（Multi-resolution Emission Inventory for China in 2010，MEIC2010，http：//www.meicmodel.org），包括民用（Residential，R）、工业（Industry，I）、交通（Transportation，T）、电力（Power，P）和农业（Agriculture，A）五种人为源的逐月网格化排放速率，空间分辨率与 TPSCF 模型所选网格一致，都为 $0.5° \times 0.5°$。

TPSCF 结果可与对应网格内的单个源或所有源总的排放速率进行统计检验，即非参数统计方法 Spearman 秩相关，以验证 TPSCF 结果的可靠性，此外，由于 TPSCF 是从实测浓度出发得到的结果，因此，该结果也是对排放速率的验证。之所以使用该非参数统计方法，是因为 TPSCF 值和排放速率都远离正态分布[21]。

首先对 TPSCF 值和排放速率分别进行排序，最大值的秩为 1，次大值的秩是 2，以此类推最小值的秩为样本数。当 TPSCF 值或排放速率出现相同值时，即所谓的结（tie），需要对它们所占用的秩求平均后再赋予它们。对于存在结的秩变量，它们之间的 Spearman 秩相关系数 r_s 可由以下公式求得：

$$r_s = \frac{\sum_i (x_i - \bar{x})(y_i - \bar{y})}{\sqrt{\sum_i (x_i - \bar{x})^2 \sum_i (y_i - \bar{y})^2}} \tag{6}$$

式中，x_i 和 y_i 分别对应 TPSCF 值和排放速率的秩，$\bar{x}$ 和 $\bar{y}$ 则是它们的秩的平均值。r_s 度量的是两个秩变量之间的关系强弱，即 TPSCF 值对应的秩越高，同一网格内的排放速率所对应的秩也越高，亦即 TPSCF 值越大，其对应的排放速率也越大。

5.1.4　结合源清单解析潜在源区的贡献

虽然 TPSCF 受体模型能够识别出影响受体点的可能源区，但是它并没有给出一个地区相对另一个地区的贡献大小的量化结果。此外，现有的源解析技术未能有效结合源清单和受体模型。因此，我们将 TPSCF 受体模型结合源清单，尝试在定位源的位置得到定性结果的基础上，解析源或源区的贡献，得到定量结果。对于一次污染物，其由源区传输至受体点的浓度取决于源区网格一次污染物的排放量（E_{ij}）、气团在源区网格内的停留时间（n_{ij}）以及污染物在传输过程中的沉降和转化；同样，对于二次污染物，受体点浓度取决于源区网格内一次前体物的排放量（E_{ij}）、气团在源区网格内的停留时间（n_{ij}）以及污染物在传输过程中的转化和沉降。TPSCF 值可以作为定量污染物传输过程中的沉降和转化程度的参数考虑在源或源区贡献的解析中。

对一次污染物，它由源区传输到受体点后对受体点的相对贡献量和贡献率，可由下式计算：

$$C_{ij} = \mathrm{TPSCF}_{ij} \cdot n_{ij} \cdot E_{ij} = \frac{m_{ij} \cdot E_{ij}}{n_{ij} \cdot E_{ij}} \cdot n_{ij} \cdot E_{ij} = m_{ij} \cdot E_{ij} \tag{7}$$

$$CR_k = \frac{\sum C_{ij}^k}{\sum C_{ij}} = \frac{\sum m_{ij} \cdot E_{ij}^k}{\sum m_{ij} \cdot E_{ij}} \tag{8}$$

$$CR_{ij} = \frac{C_{ij}}{\sum C_{ij}} = \frac{m_{ij} \cdot E_{ij}}{\sum m_{ij} \cdot E_{ij}} \tag{9}$$

假设同一网格内不同来源排放的同一污染物能以同等程度传输到受体点，即同一网格内不同源对应的 m_{ij} 是相同的。PSCF 受体模型结合源清单给出的源解析结果是源贡献相对比例，是一种相对的源解析方法。由于它依赖于源清单，因此无法解析未知源的贡献。

对二次污染物，它由源区传输到受体点后对受体点的相对贡献量和贡献率，可由下式计算：

$$C_{ij} = \text{TPSCF}_{ij} \cdot E_{ij} \qquad (10)$$

$$CR_{ij} = \frac{\text{TPSCF}_{ij} \cdot E_{ij}}{\sum \text{TPSCF}_{ij} \cdot E_{ij}} \qquad (11)$$

由上式得到的二次物种源区贡献率与扩散模型的结果更为接近，从这一点来看，可以认为 TPSCF_{ij} 在一定程度考虑了或等效于二次物种的转化率，而对于一次物种则可以认为是该物种从源区到受体点的传输效率。

5.2 东部沿海受体点大气污染物的源区

在明确中国东部沿海大气污染特征的基础上，有必要利用 TSPC 受体模型结合长岛、温岭的污染物浓度和反向轨迹信息，解析对中国东部沿海大气造成影响的污染物源区，从源头上弄清从何地传输来的污染物会影响中国东部沿海的大气；与源清单的比较则可以确证影响中国东部沿海大气的人为源。

5.2.1 长岛观测期间大气污染物的源区

长岛观测时间从 2011 年 3 月 20 日—4 月 24 日，总计 858 小时，对应的 50 m、100 m、500 m 和 1 000 m 高度的反向轨迹总数为 3 432 条，反向时间为 72 小时。这些轨迹覆盖的经纬度范围是 29～76°N 和 54～134°E，划分成的网格大小是 0.5°×0.5°。以污染物浓度的 50%分位数为 TPSCF 的阈值。最终计算得到的长岛观测期间颗粒态和气态污染物的潜在源区如图 5-2 和图 5-3 所示。根据 TPSCF 解析到的源区结果是对应每一个网格有一个范围在 0～1 之间的 TPSCF 值，为了能将 TPSCF 结果与源清单相对应，这里用白色到黄色到黑色逐渐变化的地图底色表示逐渐变大的排放速率，而将对应网格里的 TPSCF 值画成一条条的等值轮廓线。一般地，可以将 TPSCF>0.5 的区域认为是对受体点的污染物具有较大贡献的潜在源区。因此这里给出的是 0.5～1 的等值线，代表影响受体点最强的源区。

　　观测期间，江苏的大部、安徽的北部、河南的东部、山东、河北、北京和天津，是长岛颗粒物 $PM_{2.5}$、BC、OA、SO_4^{2-}、NO_3^-、NH_4^+ 和气体 SO_2、NO_x、CO 的主要潜在源区，即图 5-2 和图 5-3 中代表 TPSCF 值为 0.5、0.6、0.7、0.8 和 0.9 的浅蓝、浅绿、深绿、橙和红的轮廓线所覆盖的地区。这一地区也基本涵盖了中国大陆各种一次污染物排放强度最高的地区（如图 5-2 和图 5-3 中地图底色的黑色区域所示）。这一结果与 Gao 等人[22]用与 PSCF 相似的模型在济南解析到的潜在源区结果相近。韩国和日本对长岛大气污染物基本无贡献，这是冬季东北季风盛行所致。

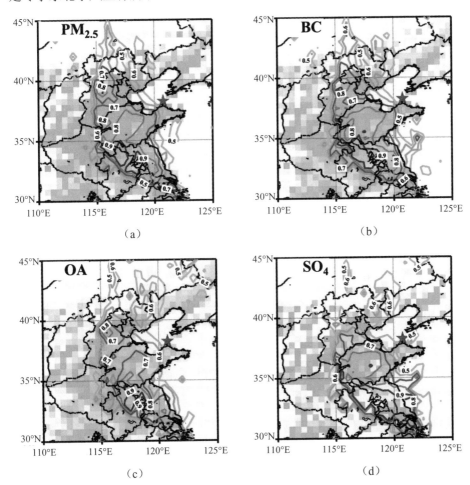

（a）　　　　　　　　　　　　　（b）

（c）　　　　　　　　　　　　　（d）

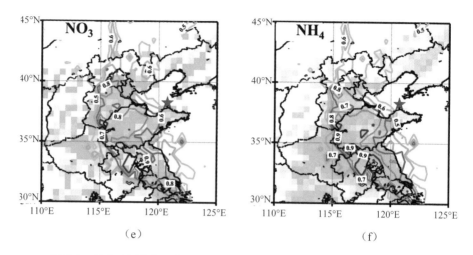

图 5-2　长岛观测期间颗粒物 PM$_{2.5}$（a），BC（b），OA（c），SO$_4^{2-}$（d），

NO$_3^-$（e），NH$_4^+$（f）的源区

注：代表 TPSCF 值为 0.5、0.6、0.7、0.8 和 0.9 的浅蓝、浅绿、深绿、橙和红的轮廓线所示的区域。地
图颜色越深的区域表示 2010 年 4 月各污染物或其对应气态前体物排放强度越高的区域（中国台湾和朝
鲜、韩国、日本的数据为 INTEX-B 2006 年排放量的月均值）。

数据来源：http：//www.meicmodel.org，http：//mic.greenresource.cn/intex-b2006/。

　　具体到不同污染物，TPSCF 的高值区各有差异。对于含一次来源的污染物
PM$_{2.5}$ 和一次污染物 BC、SO$_2$、NO$_x$ 和 CO，它们有两个高值区，一个位于北京
西南部与河北交界的地带，另一个位于山东、河南、安徽和江苏四省交界的地
带，后者涵盖了山东的大部分地区，这两个高值区的 TPSCF 值都高于 0.8，并
且以此为中心向外逐渐递减。对于二次无机组分 SO$_4^{2-}$、NO$_3^-$ 和 NH$_4^+$，北京西
南部与河北交界地带的河北一侧是 NO$_3^-$ 和 NH$_4^+$ 的高值区，TPSCF 值在 0.8～0.9
之间，范围小于一次污染物或含一次来源的污染物的高值区；以安徽和江苏交
界为中心分别向西北延伸至山东与河北交界和向东南延伸至上海，是这三者共
同的高值区，中心区域和延伸区域的 TPSCF 基本都在 0.8 以上。OA 的高值区
范围则是介于 PM$_{2.5}$、一次污染物和二次无机组分之间，以安徽和江苏交界为
中心向西北延伸区域的 TPSCF 仅在 0.7～0.8 之间，向东南延伸区域的 TPSCF
＞0.8 的范围小于二次无机组分，大于 PM$_{2.5}$ 和一次污染物。

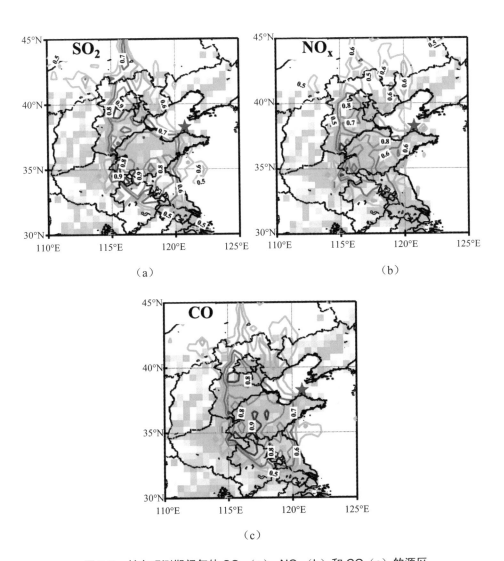

图 5-3　长岛观测期间气体 SO_2（a），NO_x（b）和 CO（c）的源区

注：代表 TPSCF 值为 0.5、0.6、0.7、0.8 和 0.9 的浅蓝、浅绿、深绿、橙和红的轮廓线所示的区域。地图颜色越深的区域表示 2010 年 4 月各污染物排放强度越高的区域（中国台湾和朝鲜、韩国、日本的数据为 INTEX-B 2006 年排放量的月均值）。

数据来源：http：//www.meicmodel.org，http：//mic. greenresource.cn/intex-b2006/。

5.2.2　温岭观测期间大气污染物的源区

温岭观测时间从 2011 年 11 月 1—28 日，总计 664 小时，对应的 50 m、100 m、500 m 和 1 000 m 高度的反向轨迹总数为 2 656 条，反向时间为 72 小时。这些轨迹覆盖的经纬度范围是 18～62°N 和 80～150°E，划分成的网格大小是 0.5°×0.5°。以污染物浓度的 50%分位数为 TPSCF 的阈值。最终计算得到的温岭观测期间颗粒态和气态污染物的潜在源区如图 5-4 和图 5-5 所示。

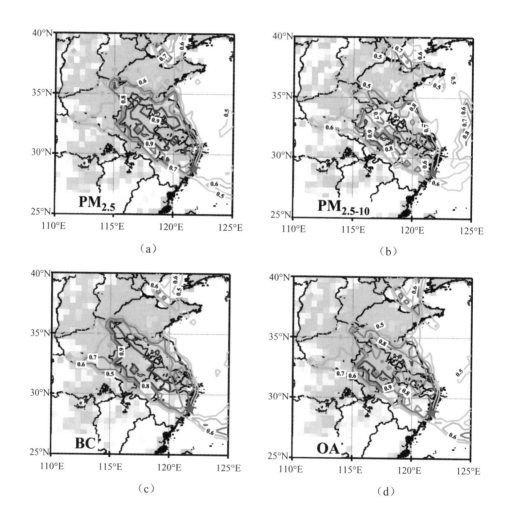

（a）

（b）

（c）

（d）

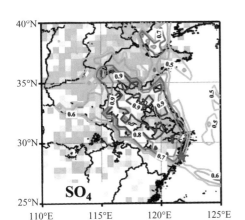

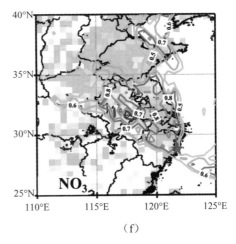

（e）

（f）

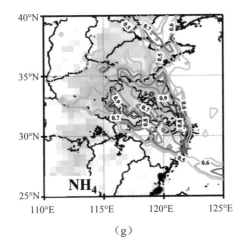

（g）

图 5-4　温岭观测期间颗粒物 PM$_{2.5}$（a），PM$_{2.5-10}$（b），BC（c），OA（d），

SO$_4^{2-}$（e），NO$_3^-$（f）和 NH$_4^+$（g）的源区

注：代表 TPSCF 值为 0.5、0.6、0.7、0.8 和 0.9 的浅蓝、浅绿、深绿、橙和红的轮廓线所示的区域。地图颜色越深的区域表示 2010 年 11 月各污染物或其对应气态前体物排放强度越高的区域（中国台湾和朝鲜、韩国、日本的数据为 INTEX-B 2006 年排放量的月均值）。

数据来源：http://www.meicmodel.org，http://mic.greenresource.cn/intex-b2006/。

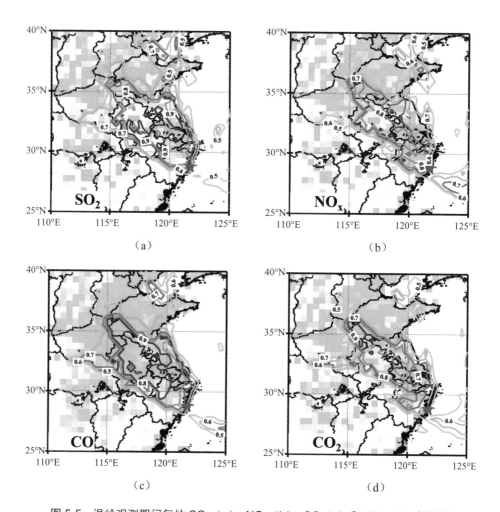

图 5-5　温岭观测期间气体 SO_2（a），NO_x（b），CO（c）和 CO_2（d）的源区

注：代表 TPSCF 值为 0.5、0.6、0.7、0.8 和 0.9 的浅蓝、浅绿、深绿、橙和红的轮廓线所示的区域。地图颜色越深的区域表示 2010 年 11 月各污染物排放强度越高的区域（中国台湾和朝鲜、韩国、日本的数据为 INTEX-B 2006 年排放量的月均值）。

数据来源：http：//www.meicmodel.org，http：//mic.greenresource.cn/intex-b2006/。

　　温岭观测期间，TPSCF＞0.5 的区域主要位于浙江北部、江苏、上海、山东大部、安徽、河南东部和河北北部，表明温岭的污染物主要是由这些省市贡献的。在图 5-4 和图 5-5 可以看到，这些地区也都是污染物高排放量的地区。

与长岛结果类似，具体到不同污染物，TPSCF 高值区也有所不同。$PM_{2.5}$、BC、SO_4^{2-}、SO_2、NO_x、CO 和 CO_2 对应的 TPSCF＞0.8 的地区是浙江、江苏、安徽和山东，OA、NO_3^- 和 NH_4^+ 对应的 TPSCF＞0.8 的地区是浙江、江苏和安徽，$PM_{2.5-10}$ 对应的 TPSCF＞0.8 的地区是江苏、安徽和黄海，它们对应的 TPSCF=0.5 所在地区大体一样。

5.2.3　TPSCF 结果及与源清单的相互验证

某种污染物与其他污染物的 TPSCF 结果的线性相关可以表明这些污染物，不论是一次还是二次污染物，都来自相同的源区。同一污染物与不同人为源的 Spearman 秩相关表明该种污染物来自这些人为源；不同污染物与同一人为源的 Spearman 秩相关表明这些污染物来自相同的人为源。这些相关的显著性，是对不同污染物的同源性这一事实的验证，即不同的一次污染物（包括二次污染物的前体物）来自同一源区的同一类源。

5.2.3.1　TPSCF 结果的线性相关

长岛和温岭观测期间污染物 TPSCF 值两两之间的线性回归相关系数如表 5-1 和表 5-2 所示，颗粒态或气态污染物两两之间 TPSCF 结果的线性强相关表明一次颗粒态或气态污染物（包括二次污染物的前体物）有着相似的源区，即它们都来自同一源区。这与源清单中某网格内一种污染物排放速率高，相应地其他一次污染物排放速率也高的事实相符。

长岛污染物 TPSCF 值两两之间的相关系数大部分都在 0.8 以上，只有 OA、SO_4^{2-} 和 SO_2 以及 SO_4^{2-} 和 NO_x 的相关系数在 0.8 以下。在与其他污染物的相关性中，$PM_{2.5}$ 和 BC、CO 的相关性最强，相关系数分别为 0.95、0.94；BC 和 $PM_{2.5}$、CO 的相关性最强，都为 0.95；OA 和 SO_4^{2-}、NO_3^- 和 NH_4^+ 的相关性最强，分别为 0.91、0.92、0.91；SO_4^{2-}、NO_3^- 和 NH_4^+ 的相关性最强，分别为 0.93、0.94；NO_3^- 和 NH_4^+ 的相关性最强，为 0.98；SO_2 和 CO 的相关性最强，为 0.90；NO_x 和 BC、CO 的相关性最强，分别为 0.91、0.92；CO 和 $PM_{2.5}$、BC 的相关性最强，分别为 0.94、0.95。

表 5-1　长岛观测期间污染物 TPSCF 值两两之间的线性回归相关系数

类别	$PM_{2.5}$	BC	OA	SO_4^{2-}	NO_3^-	NH_4^+	SO_2	NO_x	CO
$PM_{2.5}$									
BC	0.95								
OA	0.87	0.87							
SO_4^{2-}	0.86	0.86	0.91						
NO_3^-	0.92	0.92	0.92	0.93					
NH_4^+	0.92	0.92	0.91	0.94	0.98				
SO_2	0.86	0.88	0.72	0.72	0.81	0.80			
NO_x	0.89	0.91	0.80	0.77	0.84	0.83	0.88		
CO	0.94	0.95	0.83	0.82	0.90	0.89	0.90	0.92	

表 5-2　温岭观测期间污染物 TPSCF 值两两之间的线性回归相关系数

类别	$PM_{2.5}$	$PM_{2.5-10}$	BC	OA	SO_4^{2-}	NO_3^-	NH_4^+	SO_2	NO_x	CO	CO_2
$PM_{2.5}$											
$PM_{2.5-10}$	0.87										
BC	0.92	0.82									
OA	0.94	0.82	0.92								
SO_4^{2-}	0.90	0.80	0.81	0.89							
NO_3^-	0.89	0.77	0.87	0.94	0.86						
NH_4^+	0.93	0.79	0.86	0.95	0.92	0.95					
SO_2	0.94	0.87	0.88	0.90	0.87	0.88	0.89				
NO_x	0.83	0.74	0.90	0.84	0.71	0.85	0.79	0.81			
CO	0.93	0.81	0.89	0.90	0.90	0.85	0.89	0.92	0.80		
CO_2	0.80	0.72	0.84	0.79	0.71	0.78	0.75	0.78	0.89	0.77	

与长岛相似，温岭污染物 TPSCF 值两两之间的相关系数大部分也都在 0.8 以上。在与其他污染物的相关性中，$PM_{2.5}$ 和 BC、OA、NH_4^+、SO_2、CO 的相关性最强，相关系数分别为 0.92、0.94、0.93、0.94、0.93；$PM_{2.5-10}$ 和 SO_2 的相

关性最强，为 0.87；BC 和 PM$_{2.5}$、OA 的相关性最强，都为 0.92；OA 和 PM$_{2.5}$、NO$_3^-$、NH$_4^+$ 的相关性最强，分别为 0.94、0.94、0.95；SO$_4^{2-}$ 和 PM$_{2.5}$、NH$_4^+$、CO 的相关性最强，分别为 0.90、0.92、0.90；NO$_3^-$ 和 OA、NH$_4^+$ 的相关性最强，分别为 0.94、0.95；NH$_4^+$ 和 PM$_{2.5}$、OA、NO$_3^-$ 的相关性最强，分别为 0.93、0.95、0.95；SO$_2$ 和 PM$_{2.5}$、CO 的相关性最强，分别为 0.94、0.92；NO$_x$ 和 BC、CO$_2$ 的相关性最强，分别为 0.90、0.89；CO 和 PM$_{2.5}$、SO$_2$ 的相关性最强，分别为 0.93、0.92；CO$_2$ 和 BC、NO$_x$ 的相关性最强，分别为 0.84、0.89。

从图 5-2 和图 5-3 已经知道，长岛 PM$_{2.5}$、BC 和气体 SO$_2$、NO$_x$、CO 的高值区更为吻合；从表 5-1 来看，PM$_{2.5}$、BC 和气体两两之间的线性回归相关系数也明显高于 OA、SO$_4^{2-}$、NO$_3^-$ 和 NH$_4^+$ 与气体两两之间的相关系数，前者的相关系数在 0.86～0.95 之间，后者在 0.72～0.90 之间。造成这种差别的原因显然是 BC 和 SO$_2$、NO$_x$、CO 都为一次排放的污染物，SO$_4^{2-}$、NO$_3^-$ 和 NH$_4^+$ 都为二次生成的污染物，而 PM$_{2.5}$ 的一次比例高于 OA。温岭 PM$_{2.5}$、BC 和气体两两之间的相关系数在 0.83～0.94 之间，OA、SO$_4^{2-}$、NO$_3^-$ 和 NH$_4^+$ 与气体两两之间的相关系数在 0.71～0.90 之间，进一步证明一次和二次物种源区的差别，一次（二次）物种和一次（二次）物种的源区更为接近，二次物种高 TPSCF 的源区覆盖更大范围的区域，即二次物种的区域性特征。

长岛污染物两两之间 TPSCF 的线性相关系数与对应浓度的线性相关系数之间的相关关系如图 5-6（a）所示，温岭污染物两两之间 TPSCF 的线性相关系数与对应浓度的线性相关系数之间的相关关系如图 5-6（b）所示。影响两种污染物浓度之间相关性强弱的因素是非常复杂的。两种污染物 TPSCF 之间的高度相关，表明同源性是一次污染物浓度两两之间显著相关的主要原因，同时也是一次和二次污染物的浓度或者二次污染物浓度两两之间显著线性相关的部分原因，对于二次污染物，颗粒物的老化作用也是影响它们之间相关性的重要因素。其他所有与大气污染物传输有关的线性过程，包括水平对流、扩散、对流混合、干沉降、湿沉降和放射性衰变[23]，在污染物之间的线性相关关系中起着相同作用。

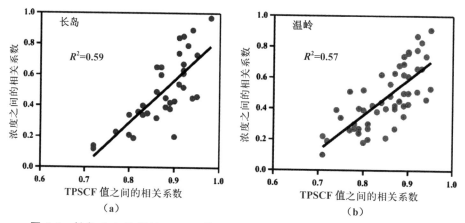

图 5-6　长岛（a）和温岭（b）污染物的 TPSCF 值两两之间的线性相关系数与
对应浓度两两之间的线性相关系数之间的相关关系

5.2.3.2　TPSCF 结果与源清单的 Spearman 秩相关

　　长岛颗粒态和气态污染物的 TPSCF 值和 MEIC2010 源清单对应物种或一次前体物的单个源和总源的 Spearman 秩相关检验结果如表 5-3 所示。在源清单中，$PM_{2.5}$、BC、OC、SO_2、NO_x 和 CO 的农业源排放速率都为 0，NH_3 的电力源排放速率也都为 0。除此之外，不管是一次污染物还是二次污染物，它们和源清单中单个源或五种源总和的检验结果都表明它们之间是显著相关的。即 TPSCF 值大的网格对应的一次污染物的排放速率也高，反之亦然。TPSCF 和单个源的相关性表明，在同一网格内由受体点浓度阈值决定的 m_{ij} 适用于同一污染物的不同源。

表 5-3　长岛颗粒态和气态污染物的 TPSCF 结果和 MEIC2010 源清单排放速率的 Spearman 秩相关系数（显著性水平 0.01；R-民用源，I-工业源，T-交通源，P-电力源，A-农业源，RITPA-五种源排放速率总和）

类别	$PM_{2.5}$	BC	OA	SO_4^{2-}	NO_3^-	NH_4^+	SO_2	NO_x	CO
R	0.40	0.39	0.41	0.45	0.41	0.37	0.41	0.37	0.37
I	0.47	0.50	0.51	0.50	0.47	0.41	0.45	0.42	0.42
T	0.48	0.46	0.49	0.48	0.46	0.45	0.42	0.42	0.42
P	0.36	0.40	0.40	0.35	0.50	—	0.27	0.47	0.51
A	—	—	—	—	—	0.37	—	—	—
RITPA	0.45	0.45	0.45	0.48	0.46	0.37	0.43	0.43	0.42

温岭颗粒态和气态污染物的 TPSCF 值和 MEIC2010 源清单对应物种或一次前体物的单个源和总源的 Spearman 秩相关检验结果如表 5-4 所示。除上述源清单排放速率为 0 的污染物外，与长岛观测结果类似，不管是一次污染物还是二次污染物，温岭各污染物的 TPSCF 值和源清单中单个源或五种源总和的检验结果都表明它们之间是显著相关的。

表 5-4　温岭颗粒态和气态污染物的 TPSCF 结果和 MEIC2010 源清单排放速率的 Spearman 秩相关系数（显著性水平 0.01；R-民用源，I-工业源，T-交通源，P-电力源，A-农业源，RITPA-五种源排放速率总和）

类别	$PM_{2.5}$	$PM_{2.5-10}$	BC	OA	SO_4^{2-}	NO_3^-	NH_4^+	SO_2	NO_x	CO	CO_2
R	0.33	0.36	0.39	0.33	0.42	0.33	0.27	0.39	0.43	0.36	0.44
I	0.40	0.39	0.49	0.46	0.42	0.38	0.32	0.39	0.47	0.42	0.48
T	0.39	0.41	0.46	0.40	0.39	0.37	0.33	0.36	0.48	0.38	0.49
P	0.31	0.31	0.37	0.27	0.32	0.42	—	0.28	0.50	0.47	0.41
A	—	—	—	—	—	—	0.26	—	—	—	—
RITPA	0.37	0.39	0.44	0.36	0.41	0.37	0.26	0.38	0.47	0.39	0.48

各个源与长岛、温岭污染物的 TPSCF 结果的 Spearman 秩相关的显著性，证明了书中关于源贡献率计算的假设，即同一网格内不同来源排放的同一污染物能以同等程度传输到受体点，也就是同一网格内不同源对应的 $TPSCF_{ij}$ 或 m_{ij} 是相同的。

Spearman 秩相关是先对两个变量分别排序（秩）再进行相关性计算，因此如果源清单上每个网格的排放速率都被高估或低估，不会对最终的相关结果产生影响。但是从源清单使用统一的排放因子的计算方法来看[24]，往往是有的网格被高估，有的网格被低估，就会对这些网格在整体网格中的秩产生影响，从而削弱 TPSCF 和源清单的相关性。因此如果对应 TPSCF 高值的网格内的源排放速率很低，那么很有可能是这些区域的排放速率被低估或完全没有被计入源清单内。如此一来，必然削弱 TPSCF 结果和源清单的 Spearman 秩相关性。

另外，从反向轨迹来看，在气团经过污染物排放强度越高的地区的条件下，该地区越有可能成为受体点污染物的潜在源区。这一潜在性是否实现，很大程度上取决于观测期间气团经过该地区的频率，频率越高，该潜在源区对受体点的贡献潜势就越大。因此，如果观测期间气团从污染物排放强度高的地区传输到受体点的频率很低，或者传输过程有降水的影响，那么，就有可能致使该地区的 TPSCF 值很小，这是因为前者可能造成该地区的样品量（n_{ij}）过小，导致在权重函数中被低估，后者可能导致到达受体点的污染物浓度小于阈值，即 m_{ij}很小。因此也会削弱 TPSCF 结果和源清单的 Spearman 秩相关性。

5.3 东部沿海受体点的源区贡献

5.3.1 与 CMAQ 扩散模型的结果比较

由 TPSCF（m_{ij} 或 $TPSCF_{ij}$）结合源清单（E_{ij}，MEIC 源清单中五种人为源的总排放速率）计算每个网格对受体点的贡献率，再按网格归属地的不同进行各个省市贡献率的加和，最终得到各个省市对受体点的贡献率。CMAQ（Community Multi-scale Ari Quality Model）扩散模型的模拟数据来自中国环境科学研究院对 2011 年 3—4 月长岛观测期间 BC、SO_2 和 SO_4^{2-} 的模拟结果。

CMAQ 模型模拟的 BC（a）、SO_2（b）、SO_4^{2-}（c）浓度和长岛实测浓度的比较如图 5-7 所示。三者模拟和实测浓度的相关系数分别仅为 0.43、0.39 和 0.35，模拟浓度比实测浓度低很多。特别是 SO_2，在实测浓度升高时，模拟浓度都一直在 20 ppb 以下。模型模拟结果低于实测浓度有两方面的可能原因。一是由源清单的高估或低估造成的。扩散模型依赖于源清单，准确的源清单是模型模拟无误的基础，但是实际上源清单存在着种种的不确定性，某些地区的排放速率可能被高估，另一些地区的排放速率又可能被低估。二是由传输或转化过程的考虑不够全面造成的。虽然对无机物如 SO_4^{2-} 的转化机制已经研究得较为清楚，但是模拟浓度与实测浓度仍然相差 40%，而且相关性仅有 0.35。SO_4^{2-} 的前体物 SO_2 的模拟浓度与实测浓度相差更大，仅是实测浓度的 28%，相关系数与 SO_4^{2-}相当。考虑到两者互为反应物和产物，如果模型模拟的 SO_4^{2-} 和 $NH_4^+ SO_4^{2-}$ 转化率高，那么 SO_2 的汇就会增加，最后模拟得到的传输到受体点的 SO_2 浓度就会被低估。除此之外，实际上可能还有更多更复杂的过程没有被考虑在内，而导致两者都被低估。一次污染物 BC 一般被认为是惰性的，但是它在老化后有没有可能发生化学反应是目前仍然无法确认的，也不可能被考虑到模型的模拟中。即使 BC 不参加反应，仅仅需要考虑简单的物理传输过程，它的模拟浓度依旧低于实测浓度。

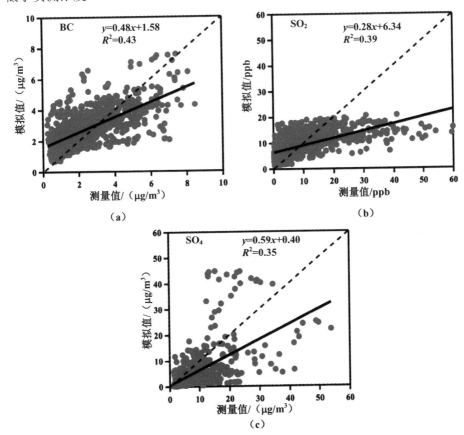

图 5-7 CMAQ 模型模拟的 BC（a）、SO_2（b）、SO_4^{2-}（c）浓度和长岛实测浓度的比较

对这两种模型得到的各个省市的贡献率比较如图 5-8 所示，图中 13 个点对应的是两种模型得到的 13 个省市对受体点的贡献率，它们对受体点的总贡献率都在 90%以上。对一次污染物 BC 和 SO_2 的结果相关性非常好，R^2 分别为 0.95

和 0.99，斜率分别为 1.25 和 1.27，两种模型的平均误差在 25%左右，一次污染物的模拟结果是扩散模型比受体模型偏高；二次污染物 SO_4^{2-} 的相关性相对较弱，但是 R^2 也达到了 0.87，斜率仅为 0.75，两种模型的平均误差也在 25%以内，二次污染物的模拟结果是扩散模型比受体模型偏低。两种模型强相关的比较结果也表明不同省市贡献大小的顺序在两种模型中是比较一致的。特别是三个贡献最大的省份山东、河北和江苏，在一次污染物 BC 和 SO_2 的贡献顺序上两种模型是一致的，而在二次污染物 SO_4^{2-} 的贡献排位上则是两种模型得到的江苏和河北的贡献顺序稍有差异。

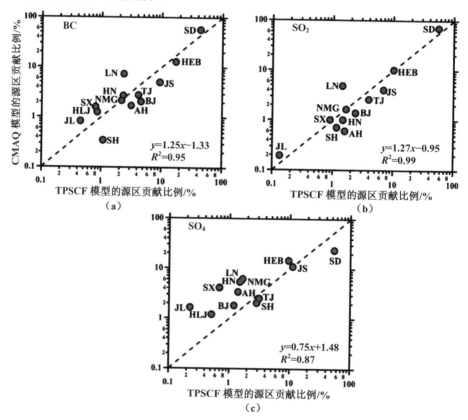

图 5-8　由 CMAQ 模型和 TPSCF 模型得到的源区贡献结果的比较

注：a：BC；b：SO_2；c：SO_4^{2-}。HLJ-黑龙江，JL-吉林，LN-辽宁，NMG-内蒙古，SX-山西，BJ-北京，TJ-天津，HN-河南，AH-安徽，JS-江苏，SH-上海，HEB-河北，SD-山东。

　　前面提到，源清单的高估或低估以及传输或转化过程考虑不全面这两个方面都会导致模型模拟结果和实测结果的差异。但是由模型模拟的各个省市对受体点的绝对贡献量计算得到的源区贡献率却可能是准确的。因为这两个方面会在同等程度上影响模拟浓度这个绝对量，却基本不会影响由绝对量计算而得的贡献率这个相对量。

5.3.2　东部沿海受体点的源区贡献

　　农业、电力、交通、民用和工业等五种人为源对长岛污染物的贡献解析结果如图 5-9（a）所示。在这五种人为源中，除了 OA 和 NH_4^+ 的最大来源分别是民用源（60%）和农业源（93%）之外，其他污染物 $PM_{2.5}$、BC、SO_4^{2-}、NO_3^-、SO_2、NO_x 和 CO 的最大来源都是工业源，贡献率分别为 67%、48%、64%、39%、69%、42% 和 64%。民用源除了对 OA 有最大贡献之外，对 $PM_{2.5}$、BC 和 CO 也有较大贡献，分别为 18%、26% 和 20%。交通源对 BC、NO_3^-、NO_x 和 CO 有一定比例的贡献，分别是 25%、25%、24% 和 14%。电力源对 SO_4^{2-}、NO_3^-、SO_2 和 NO_x 的贡献率也是较大的，分别是 29%、34%、25% 和 33%。

　　辽宁、内蒙古、北京、天津、河南、安徽、江苏、河北和山东等 9 个省市对长岛污染物的贡献解析结果如图 5-9（b）所示。这 9 个省市对 9 种污染物 $PM_{2.5}$、BC、OA、SO_4^{2-}、NO_3^-、NH_4^+、SO_2、NO_x 和 CO 的贡献率的总和都接近 90%。山东对 9 种污染物的贡献最大，分别是 46%、44%、36%、30%、25%、21%、56%、45% 和 40%；其次是河北和江苏，分别是 15%、17%、17%、9%、12%、12%、10%、13%、22% 和 9%、9%、11%、16%、17%、18%、7%、8%、7%。

　　长岛观测期间盛行东亚冬季风，气团来向以东北为主（40%），而只有 29% 的气团自长岛以南的山东而来。东北气团经过的污染物排放强度较高的区域是河北、北京和天津，因此北京和天津对长岛污染物也有一定的贡献。但是因为东北气团的移动速度快于南向气团，因此比较不易积累污染物，也就不易给长岛带来较为严重的污染。而自山东而来的南向气团移动速度较慢，容易积累更多的污染物，而山东本身也是污染物排放强度非常高的地区，因此最终导致山东对长岛污染物的贡献远大于其他地区。

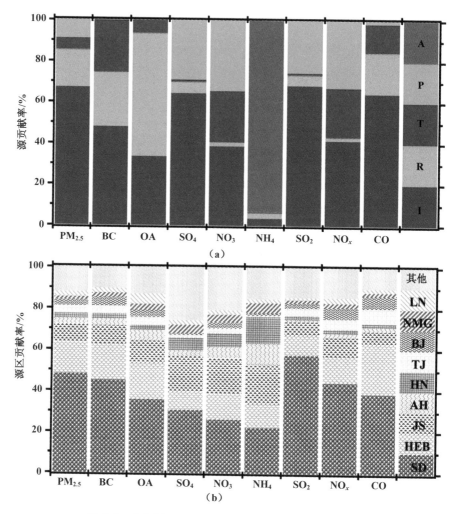

图 5-9　人为源（a）和源区（b）对长岛污染物的贡献

注：A-农业源，P-电长源，T-交通源，R-民用源，I-工业源；LN-辽宁，NMG-内蒙古，BJ-北京，TJ-天津，HN-河南，AH-安徽，JS-江苏，HEB-河北，SD-山东。

　　农业、电力、交通、民用和工业等五种人为源对温岭污染物的贡献解析结果如图 5-10（a）所示，与长岛的来源解析结果较为类似。在这五种人为源中，除了 OA 和 NH_4^+ 的最大来源分别是民用源（70%）和农业源（90%）之外，其他污染物 $PM_{2.5}$、$PM_{2.5-10}$、BC、SO_4^{2-}、NO_3^-、SO_2、NO_x、CO 和 CO_2 的最大来源都是工业源，贡献率分别为 59%、80%、42%、61%、41%、63%、40%、55%和 50%。民用源除了对 OA 有最大贡献之外，对 $PM_{2.5}$、BC 和 CO 也有较大贡献，分别为 24%、35%和 29%。交通源对 BC、NO_3^-、NO_x 和 CO 有一定比例的贡献，分别是 22%、23%、20%和 15%。电力源对 $PM_{2.5-10}$、SO_4^{2-}、NO_3^-、SO_2、NO_x 和 CO_2 的贡献率也是较大的，分别是 12%、27%、33%、30%、38%和 38%。

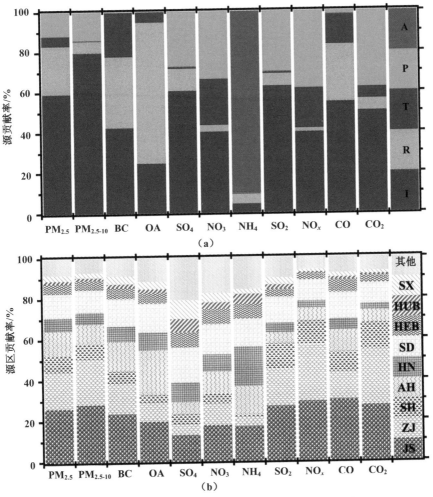

图 5-10　人为源（a）和源区（b）对温岭污染物的贡献

注：A-农业源，P-电力源，T-交通源，R-民用源，I-工业源；SX-山西，HUB-湖北，HEB-河北，SD-山东，HN-河南，AH-安徽，SH-上海，ZJ-浙江，JS-江苏。

　　一南一北两个站点较为类似的解析结果源于它们的潜在源区有部分的重叠（图5-2、图5-3、图5-4和图5-5），而且重叠区域的污染物排放强度也是中国东部最高的。此外，虽然对应长岛和温岭观测期间的2010年4月份和11月份的源清单相比，有的物种11月份源清单的排放速率较高，但总体上不是非常大的差别，这也是造成沿岸两个站点解析结果类似的原因之一。

　　山西、湖北、河北、山东、河南、安徽、上海、浙江和江苏等9个省市对温岭污染物的贡献解析结果如图5-10（b）所示。这9个省市对11种污染物$PM_{2.5}$、$PM_{2.5-10}$、BC、OA、SO_4^{2-}、NO_3^-、NH_4^+、SO_2、NO_x、CO和CO_2的贡献率的总和都接近或超过90%。江苏对9种污染物的贡献最大，分别是26%、27%、24%、19%、13%、16%、16%、27%、29%、28%和27%。既然江苏是温岭污染物的最大贡献者，那么江苏省的污染物减排对浙江省就有非常大的意义。其次是浙江和山东，分别是18%、22%、14%、9%、5%、10%、5%、19%、28%、14%、27%和12%、11%、14%、15%、18%、15%、14%、13%、10%、12%、10%。山东较为远离温岭，但是对温岭污染物仍然有10%以上的贡献，表明山东的一次污染物排放强度高，也因此导致山东是长岛观测期间的最大贡献者。上海虽然只是一个市，对温岭污染物的贡献却不容忽视，对11种污染物的贡献率分别是8%、7%、6%、3%、4%、5%、1%、13%、12%、9%和13%。

　　五种人为源对二次物种SO_4^{2-}和NO_3^-及其相应前体物SO_2和NO_x的源区贡献解析结果有明显的不同[图5-9（b）和图5-10（b）]，但是来源贡献解析结果却非常相近（图5-9（a）和图5-10（a））。这里需要注意的是，SO_4^{2-}和NO_3^-的来源贡献是根据公式（9）计算的，而SO_2和NO_x是根据公式（11）计算的，它们的差别是前者与$TPSCF_{ij}$有关，而后者与m_{ij}有关，此外二次物种都使用其相应前体物的排放速率进行计算。

5.3.3　污染物浓度变化时源区贡献的变化

　　前述对观测期间各类污染物全部数据的源区解析结果表明，TPSCF结合源清单可以定量不同源区对受体点的相对贡献。在此基础上，分别选择小于40%、60%、80%和100%（全部数据）分位数的数据（对应数据子集的平均浓度逐渐增加）进行相同的源区贡献分析，以此揭示受体点污染物浓度由低浓度区间向高浓度区间变化时源区贡献的变化。

长岛颗粒物浓度变化时源区贡献的变化如图 5-11 所示。随着浓度增加，对受体点 PM$_{2.5}$ 贡献最大且距离受体点最近的山东贡献率由 32%增加至 46%，河北的贡献率变化不大，在 15%～17%之间，江苏由 4.7%增加至 9.4%，增加了 1 倍。距离长岛较近但污染物排放量远低于山东的辽宁贡献率由 13%降为 2.5%，这是因为在低浓度区间内气团主要来自长岛以北，即中国的东北地区。因此虽然吉林和黑龙江（未标示在图 5-11 中）的贡献率都在 5%以下，但随着数据选择的分位数的增加，它们的贡献率也同样呈逐渐降低的趋势，由 4%左右降至 1%以下。

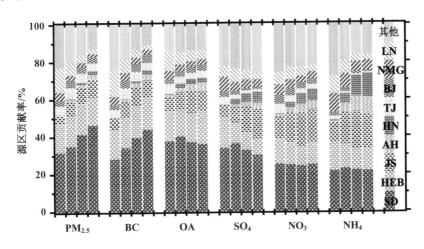

图 5-11 长岛颗粒物浓度变化时源区贡献率的变化

注：浓度变化是相对所有浓度数据的 40%、60%、80%和 100%分位数而言。

BC 平均浓度增加时，山东的贡献率从 28%增加到 44%，与山东对长岛 PM$_{2.5}$ 的贡献率变化较为一致，河北的贡献率在 16%～18%之间变化，江苏的贡献率由 6.0%升高到 9.3%，较低浓度时辽宁的贡献率达到 14%，浓度增大时则将为 2.4%，北京和天津的贡献率相当，维持在 4%左右。OA 平均浓度增加时，山东贡献率的变化较小，在 36%～40%之间，而且并不是逐渐增加，反而是有逐渐减少的趋势,河北的贡献率在15%~17%之间波动,江苏的贡献率由7.7%升高至11%,辽宁的贡献率由10%降低为5.3%。与山东对长岛OA贡献率的变化趋势较为一致的是山东对SO_4^{2-}的贡献率,同样在60%分位数所对应的数据子集达到最高(36%),然后缓慢降低,变化范围在30%~36%之间,河北的贡献率由17%降至9.0%,内蒙古由8.1%降至4.2%,与之相反的是,江苏的贡献率由6.1%升至16%,河南由0.26%升至5.9%,辽宁贡献率的总体趋势是在减小,但变化幅度较小,在3.2%~7.3%之间。其他两种主要无机组分NO_3^-和NH_4^+的源区贡献率有着较为一致的变化趋势,山东的贡献率分别在25%和22%左右;对于NO_3^-,河北、天津、北京、内蒙古、辽宁的贡献率有所降低,增加的是江苏、安徽和河南,分别由12%、1.2%和0.50%升高至18%、4.6%和6.1%;对于NH_4^+,河北、内蒙古和辽宁的贡献率分别由16%、10%和10%降至12%、5.3%和3.0%,而江苏、安徽和河南则分别由10%、0.56%和0.55%增至18%、9.1%和12%。

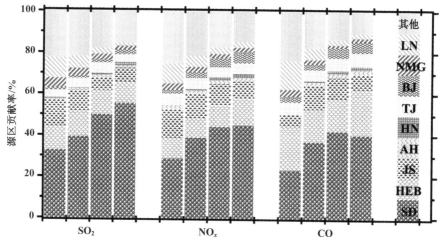

图 5-12　长岛气态污染物变化时源区贡献率的变化

注:浓度变化是相对所有浓度数据的40%、60%、80%和100%分位数而言。

长岛气态污染物的浓度变化时源区贡献的变化如图5-12所示。随着所选择的浓度数据子集的分位数增大,山东对SO_2、NO_x和CO的贡献率的变化趋势都是逐渐增加的,分别由33%、29%和23%增至56%、45%和40%,而辽

宁则是相反，分别由 10%、9.6% 和 14% 降至 1.4%、2.8% 和 2.1%；河北对 SO_2
和 NO_x 的贡献率基本在 11% 左右，对 CO 则是在 40% 和 100% 分位数数据子集
的贡献率最高，分别为 21% 和 22%，在 60% 和 80% 分位数数据子集的贡献率
最低，都为 16%，与此相反的是江苏对 CO 的贡献率，40% 和 100% 分位数数
据子集的贡献率较高，分别是 11% 和 10%，60% 和 80% 分位数数据子集的贡
献率较低，分别是 5.8% 和 7.4%，江苏对 SO_2 和 NO_x 的贡献率则是逐渐降低的，
分别从 13% 和 14% 降为 6.9% 和 8.5%。天津对 SO_2、NO_x 和 CO 的贡献率基本
维持在 4%、5% 和 6% 左右，北京对 NO_x 和 CO 的贡献率则由 1.9% 和 2.4% 升
为 5.2% 和 5.3%。

温岭颗粒物浓度变化时源区贡献的变化如图 5-13 所示。对于 40% 分位数以
下的低浓度数据子集，辽宁对温岭 $PM_{2.5}$、BC 和 OA 的贡献最大，分别达到 27%、
28% 和 39%，随着浓度增高，贡献率逐渐降至 2.4%、2.7% 和 4.9%。距离受体
点较近的源区浙江、江苏、上海、安徽和河南对 $PM_{2.5}$ 的贡献率分别从 11%、
9.1%、4.4%、2.6% 和 1.1% 增加至 18%、26%、7.9%、11% 和 6.1%，而距离受
体点较远的源区山东、河北、吉林和内蒙古对 $PM_{2.5}$ 的贡献率分别由 17%、7.3%、
3.1% 和 5.2% 减少为 12%、5.1%、0.20% 和 2.1%。相应地，浙江、江苏、上海、
安徽和河南对 BC 的贡献率分别由 11%、9.4%、2.3%、1.8% 和 0.76% 升至 14%、
24%、6.2%、15% 和 7.5%，对 OA 的贡献率分别从 5.9%、6.5%、1.5%、1.3%
和 0.80% 增至 9.1%、19%、3.5%、20% 和 8.6%。山东、河北、吉林和内蒙古对
BC 的贡献率则是分别由 16%、7.9%、5.4% 和 5.5% 降为 14%、5.3%、0.07% 和
2.2%，对 OA 的贡献率分别从 18%、8.6%、8.8% 和 7.2% 减至 15%、6.1%、0.14%
和 3.1%。对于粗粒子 $PM_{2.5-10}$，主要的贡献源区是浙江和江苏，浓度较低对应
的贡献率分别是 32% 和 23%，浓度较高时分别是 22% 和 27%，上海、山东和河
北的贡献率基本维持在 7.0%、12% 和 6.0% 左右，安徽的贡献率由 1.0% 增加至
9.4%，辽宁的贡献率则从 7.9% 降低为 2.3%。

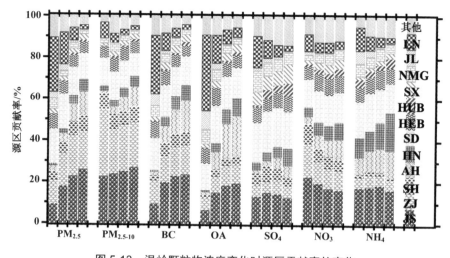

图 5-13　温岭颗粒物浓度变化时源区贡献率的变化

注：浓度变化是相对所有浓度数据的 40%、60%、80% 和 100% 分位数而言。

　　对于无机组分 SO_4^{2-}、NO_3^- 和 NH_4^+，最主要的贡献源区是江苏和山东。其中，江苏对三者的贡献率变化范围分别是 13%～15%、16%～23% 和 16%～19%，山东对三者的贡献率变化区间分别是 18%～20%、14%～15% 和 14%～18%，浓度从较低范围变化到较高范围时它们的贡献率也有增加的趋势，但不是非常明显。浙江和河北对三者的贡献率基本维持在 6.0%、10%、5.0% 和 7.0%、8.0%、7.0% 左右。上海对 SO_4^{2-} 的贡献率基本在 5.0% 左右，对 NO_3^- 的贡献率由 9.9% 降至 5.1%，对 NH_4^+ 则都只有约 1.3% 的贡献。安徽对三者的贡献率分别从 1.6%、3.4% 和 8.2% 升至 5.7%、9.5% 和 13%，河南的贡献率分别由 3.7%、4.5%、9.7% 增至 8.5%、8.4% 和 19%，而辽宁的贡献率则分别从 15%、8.4% 和 12% 降为 2.8%、3.9% 和 2.9%。此外山西对 SO_4^{2-} 也有一定比例的贡献，由较低浓度范围的 6.1% 增加到较高浓度范围的 9.2%。

　　温岭气态污染物变化时源区贡献的变化如图 5-14 所示。距离受体点较近的源区浙江、江苏和上海对 SO_2 的贡献率分别由 12%、8.8% 和 4.5% 增至 20%、27% 和 13%，距离受体点较远的源区山东、河北、辽宁和内蒙古对 SO_2 的贡献率分别从 15%、8.0%、26% 和 8.0% 降至 13%、3.9%、1.6% 和 2.6%。浙江和江

苏对 NO_x 的贡献率分别由 25% 和 20% 增加至 28% 和 29%，上海、安徽和山东的贡献率基本在 10%、5% 和 10% 左右，河北和辽宁的贡献率则分别从 6.2% 和 8.2% 降低至 3.0% 和 2.2%。浙江、上海和山东对 CO 的贡献率的变化范围为 14%～18%、7.2%～9.6% 和 9.0%～14%，江苏、安徽和河南的贡献率由 11%、0.96% 和 0.50% 增至 28%、11% 和 6.3%，而河北、辽宁和内蒙古的贡献率则分别从 9.0%、22% 和 5.8% 降至 5.8%、2.9% 和 1.9%。浙江对 CO_2 的贡献率有所降低，变化范围在 25%～31% 之间，江苏、上海和山东的贡献率分别由 15%、8.9% 和 5.9% 升高到 27%、13% 和 10%，而河北和辽宁的贡献率则分别从 5.0% 和 13% 降低至 3.8% 和 1.8%，安徽的贡献率在 5.0% 左右。

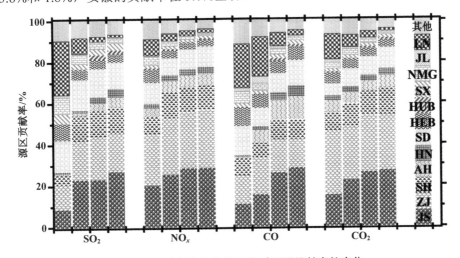

图 5-14 温岭气态污染物变化时源区贡献率的变化

注：浓度变化是相对所有浓度数据的 40%、60%、80% 和 100% 分位数而言。

整体而言，对于一次污染物，污染物浓度逐渐增加时，所对应的来自污染物排放量大的源区的气团比例逐渐增大，对应这些源区的贡献率逐渐升高，而所对应的来自污染物排放量小的源区的气团比例逐渐减小，对应这些源区的贡献率逐渐降低。这种受体点浓度和对应源区贡献的变化规律取决于气团来向的频率，即气团来自排放量大的源区时受体点浓度和源区贡献显然大于气团来自排放量小的源区时，特别是污染物排放量大的源区距离受体点越近时，污染物从源区传输至受体点过程中的沉降或转化程度越小，这些源区对受体点的贡献必然也越大。

对于二次颗粒物，由于自越远的源区到达受体点的气团越老化，二次颗粒物的转化率越高，即二次颗粒物的区域性污染特征，因此随着污染物往更高浓度范围变化，距离受体点较近且前体物排放量较大的源区贡献率会有所降低或基本保持不变，如山东和河北对长岛的贡献以及浙江和江苏对温岭的贡献，而距离受体点较远且前体物排放量较大的源区贡献率逐渐增大，如江苏对长岛的贡献以及安徽和河南对温岭的贡献。

由 TPSCF 和源清单排放速率的 Spearman 相关已知同一网格内的 TPSCF 适用于该网格内的所有源，因此既可以计算单个来源的源区贡献，也可以计算几个来源的源区总贡献，未知源或排放清单较难估计的生物质燃烧源没有考虑在内，并不会影响此处计算结果的准确性，因为这里的源区贡献只是针对所有已知人为源排放清单进行的相对贡献比例（贡献率）的计算。此外，这种计算是针对一定时期的平均结果，而无法如扩散模型一样进行实时模拟。

与扩散模型一样的是，这里得到的源或源区贡献的解析结果的准确性在很大程度上依赖于源清单的准确性。虽然反向轨迹的计算也会带来误差，但在样本数足够的条件下，这种误差可以被抵消[12]。与此相似的是，源区贡献的公式计算得到的是贡献率，而非绝对贡献量，可以一定程度上降低由源清单本身存在的估算不确定性所引起的误差。

需要提及的是，对既有一次排放又有二次生成的颗粒物如有机物，单纯考虑一次颗粒物的源清单可能是不够的，因为源区贡献是根据一次物种的公式计算的，只考虑了一次来源，对其源区贡献的估计可能是不全面的，由受体点 OA 浓度逐渐增高而源区贡献变化不大可能可以看出这点，因此，应该考虑一次污染物和前体物两种源清单的结合，同时需要扩散模型的模拟结果来加以评估和验证。

5.4 小结

本研究利用总潜在源区贡献函数（TPSCF）受体模型解析中国东部沿海气态和颗粒态污染物的潜在源区。研究结果表明，我国东部沿海北方受体点长岛气态和颗粒态污染物的潜在源区主要位于江苏的大部、安徽的北部、河南的东部、山东、河北、北京和天津。南方受体点温岭气态和颗粒态污染物的潜在源区主要位于浙江北部、江苏、上海、山东大部、安徽、河南东部和河北北部。一次污染物或含一次来源的污染物与二次污染物或含二次来源的污染物的源区范围有较大差别。

指示污染物源区的 TPSCF 结果与源清单总排放速率的 Spearman 秩相关系数基本在 0.37～0.48，这一显著的相关性确证了 TPSCF 高值（＞0.5）所对应的潜在源区与污染物高排放区相吻合，同时也是对源清单的验证。TPSCF 结果与民用、工业、交通、电力和农业五种来源排放速率的 Spearman 秩相关系数基本在 0.30～0.50，这一显著的相关性则是由同一类源可排放多种不同污染物得到的必然结果；污染物两两之间 TPSCF 结果的线性相关系数都在 0.7 以上，大部分在 0.8 以上，高度的线性相关性进一步表明，大气污染物来自同一源区的同一类源，即同源性。由此得到的线性相关系数与污染物浓度两两之间的线性相关系数之间存在着显著的线性相关（长岛：0.59，温岭：0.57），因此同源性是中国东部沿海受体点污染物浓度之间线性相关的主要原因之一。

本研究将 TPSCF 受体模型和源清单相结合，建立了定量不同来源和源区对受体点不同污染物贡献的方法。由该方法得到的长岛 BC、SO_2 和 SO_4^{2-} 源区贡献结果与 CMAQ 扩散模型的模拟结果的比较表明，两种模型的结果高度相关，二次物种 SO_4^{2-} 的源区贡献相关性弱于一次物种 BC 和 SO_2，与扩散模型对二次物种浓度的模拟结果弱于一次物种浓度类似。由两种方法得到的不同省市贡献大小的顺序基本一致，贡献比较大的省市的贡献率非常接近。

在北方受体点长岛观测期间，工业、民用、交通、电力和农业等 5 种人为源中，对 $PM_{2.5}$、BC、SO_4^{2-}、NO_3^-、SO_2、NO_x 和 CO 贡献最大的来源是工业源，贡献率分别是 67%、48%、64%、39%、69%、42% 和 64%；对 OA 贡献最大的来源是民用源，贡献率为 60%；对 NH_4^+ 贡献最大的来源是农业源，贡献率为 93%。在不同省市中，山东是对长岛污染物贡献最大的源区，对应地，分别贡献了 46%、44%、30%、25%、56%、45%、40%、36% 和 21%。

长岛污染物浓度由低值区间向高值区间变化时，距离受体点较近且排放量较大的源区山东对 $PM_{2.5}$、BC、SO_2、NO_x 和 CO 的贡献率有较大升高，不同污染物的变化幅度在 15%~25% 之间不等，距离受体点较近且排放量较小的源区辽宁的贡献率则有较大降低，不同污染物的变化幅度在 2.0%~15% 之间不等，距离受体点较远且排放量较大的源区河北对所有污染物的贡献率小幅波动。山东对 OA、SO_4^{2-}、NO_3^- 和 NH_4^+ 的贡献率的变化是有所降低或基本不变，辽宁的贡献率依旧降低，但变化幅度较小，在 3.0%~7.0% 之间，源区贡献率的这种变化规律反映的是区域性的二次污染。因此长岛的污染主要来自山东和河北，但在污染程度较低时辽宁也会起到一定作用，不管是轻微污染还是严重污染，除山东和河北之外的区域的二次生成和传输都会对长岛有所贡献。

在南方受体点温岭观测期间，工业、民用、交通、电力和农业等 5 种人为源中，对 $PM_{2.5}$、$PM_{2.5-10}$、BC、SO_4^{2-}、NO_3^-、SO_2、NO_x、CO 和 CO_2 贡献最大的来源是工业源，贡献率分别是 59%、80%、42%、61%、41%、63%、40%、55% 和 50%；对 OA 贡献最大的来源是民用源，贡献率为 70%；对 NH_4^+ 贡献最大的来源是农业源，贡献率为 90%。在不同省市中，江苏是对温岭污染物贡献最大的源区，对应地，分别贡献了 26%、27%、24%、13%、16%、27%、29%、28%、27%、19% 和 16%。此外，山东对温岭仍然有较大的贡献。

温岭污染物浓度由低值区间向高值区间变化时，距离受体点较近且排放量较大的源区浙江对 $PM_{2.5}$、BC、OA、SO_2 和 NO_x 的贡献率有所升高，不同污染物的变化幅度分别在 3.0%~8.0% 之间不等，对 CO 和 CO_2 的贡献率的降低幅度都在 4.0% 左右，对 $PM_{2.5-10}$ 的贡献率的降低幅度则在 10% 左右；距离受体点较近且排放量较大的源区江苏对 $PM_{2.5}$、$PM_{2.5-10}$、BC、OA、SO_2、NO_x、CO 和 CO_2 的贡献率有较大升高，不同污染物的变化幅度分别在 5.0%~19% 之间不等；浙江和江苏对 SO_4^{2-}、NO_3^- 和 NH_4^+ 的贡献率均有所降低或保持不变。距离受体点较远且排放量较小的源区辽宁对所有污染物的贡献率则有较大降低，不同污染物的变化幅度在 6.0%～32%之间不等；距离受体点较远且排放量较大的源区山东对所有污染物的贡献率的波动幅度较小，但贡献率基本都在 10%～20%之间。源区贡献率的这种变化特征表明温岭的污染主要来自浙江和江苏，但在污染程度较低时辽宁的作用很突出，不管是轻微污染还是严重污染，除浙江和江苏之外的区域（特别是山东）的二次生成和传输都会对温岭有所贡献。

参考文献

[1] Xie Y，Berkowitz CM. The use of positive matrix factorization with conditional probability functions in air quality studies：An application to hydrocarbon emissions in Houston，Texas[J]. Atmospheric Environment，2006，40（17）：3070-3091.

[2] Hopke PK. Recent developments in receptor modeling[J]. Journal of chemometrics，2003，17（5）：255-265.

[3] Fleming ZL，Monks PS，Manning AJ. Review：Untangling the influence of air-mass history in interpreting observed atmospheric composition[J]. Atmospheric Research，2012，104：1-39.

[4] Begum BA，Kim E，Jeong CH，Lee DW，Hopke PK. Evaluation of the potential source contribution function using the 2002 Quebec forest fire episode[J]. Atmospheric Environment，2005，39（20）：3719-3724.

[5] Ashbaugh LL，Malm WC，Sadeh WZ. A Residence Time Probability Analysis of Sulfur Concentrations at Grand Canyon National Park[J]. Atmospheric Environment，1985，19（8）：1263-1270.

[6] Malm W，Johnson C，Bresch J. Application of principal components analysis for purposes of identifying source-receptor relationships，in Receptor Methods for Source Apportionment[M] 1986. T.G. Pace，Ed.，Air Pollution Control Association，Pittsburgh，PA，127-148.

[7] Cheng MD，Hopke PK，Barrie L，Rippe A，Olson M，Landsberger S. Qualitative Determination of Source Regions of Aerosol in Canadian High Arctic[J]. Environmental

Science & Technology，1993，27（10）：2063-2071.

[8]　Hopke PK，Gao N，Cheng MD. Combining Chemical and Meteorological Data to Infer Source Areas of Airborne Pollutants[J]. Chemometrics and Intelligent Laboratory Systems，1993，19（2）：187-199.

[9]　Gao N. Air pollution source/receptor relationships in South Coast Air Basin，CA[D]. United States -- New York：Clarkson University；1993.

[10]　Zeng Y，Hopke P. A study of the sources of acid precipitation in Ontario，Canada[J]. Atmospheric Environment（1967），1989，23（7）：1499-1509.

[11]　Hopke PK，Barrie LA，Li SM，Cheng MD，Li C，Xie Y. Possible Sources and Preferred Pathways for Biogenic and Non-Sea-Salt Sulfur for the High Arctic[J]. Journal of Geophysical Research-Atmospheres，1995，100（D8）：16595-16603.

[12]　Han Y-J. Mercury in New York state：Concentrations and source identification using hybrid receptor modeling[D]. New York：Clarkson University；2003.

[13]　Fan AX，Hopke PK，Raunemaa TM，Oblad M，Pacyna JM. A study on the potential sources of air pollutants - Observed at Tjorn，Sweden[J]. Environmental Science and Pollution Research，1995，2（2）：107-115.

[14]　Heo J，McGinnis JE，de Foy B，Schauer JJ. Identification of potential source areas for elevated PM2.5，nitrate and sulfate concentrations[J]. Atmospheric Environment，2013，71：187-197.

[15]　Polissar AV，Hopke PK，Poirot RL. Atmospheric aerosol over Vermont：Chemical composition and sources[J]. Environmental Science & Technology，2001，35（23）：4604-4621.

[16]　Bhanuprasad SG，Venkataraman C，Bhushan M. Positive matrix factorization and trajectory modelling for source identification：A new look at Indian Ocean Experiment ship observations[J]. Atmospheric Environment，2008，42（20）：4836-4852.

[17]　Guo Q，Hu M，Guo S，Wu Z，Hu W，Peng J，et al. The identification of source regions of black carbon at a receptor site off the eastern coast of China[J]. Atmospheric Environment，2015，100（0）：78-84.

[18] Watson JG，Chen LWA，Chow JC，Doraiswamy P，Lowenthal DH. Source apportionment：Findings from the US Supersites program[J]. Journal of the Air & Waste Management Association，2008，58（2）：265-288.

[19] Chuersuwan N. New Jersey PM（2.5）：Issues pertaining to the development of effective control strategies[D]. New Jersey：Rutgers The State University of New Jersey - New Brunswick；2001.

[20] Stohl A. Trajectory statistics-a new method to establish source-receptor relationships of air pollutants and its application to the transport of particulate sulfate in Europe[J]. Atmospheric Environment，1996，30（4）：579-587.

[21] Han YJ，Holsen TM，Hopke PK，Yi SM. Comparison between back-trajectory based modeling and Lagrangian backward dispersion Modeling for locating sources of reactive gaseous mercury[J]. Environmental Science & Technology，2005，39（6）：1715-1723.

[22] Gao XM，Yang LX，Cheng SH，Gao R，Zhou Y，Xue LK，et al. Semi-continuous measurement of water-soluble ions in $PM_{2.5}$ in Jinan，China：Temporal variations and source apportionments[J]. Atmospheric Environment，2011，45（33）：6048-6056.

[23] Seibert P，Frank A. Source-receptor matrix calculation with a Lagrangian particle dispersion model in backward mode[J]. Atmospheric Chemistry and Physics，2004，4：51-63.

[24] Zhang Q，Streets DG，Carmichael GR，He KB，Huo H，Kannari A，et al. Asian emissions in 2006 for the NASA INTEX-B mission[J]. Atmospheric Chemistry and Physics，2009，9（14）：5131-5153.

6

结语和展望

6.1 结语

本研究通过中国东部沿海的两个站点和两次船走航的综合观测，揭示了我国东部沿海气态和颗粒态污染物的浓度水平、空间分布等污染特征，研究结果表明，由于东亚季风的作用以及陆源污染物的大量排放，中国东部沿海大气受到陆源污染物的强烈影响。这种影响在气态和颗粒态污染物的浓度中的表现一般为：北方站点长岛＞南方站点温岭＞第一次走航的黄海＞第一次走航的东海＞第二次走航的东海。

沿岸站点和近海的污染物浓度相比，沿岸站点气态和颗粒态污染物的平均浓度高于近海。长岛一次污染物 BC、SO_2、CO 的平均浓度分别是 $2.5\ \mu g/m^3$、9.4 ppb、0.55 ppm，是同期第一次走航期间近海的 $1.6\sim4.2$ 倍；二次无机组分 SO_4^{2-} 和 NO_4^+ 平均浓度（$8.3\ \mu g/m^3$ 和 $6.5\ \mu g/m^3$）与近海相差无多，NO_3^- 平均浓度（$12\ \mu g/m^3$）是近海的 $2.4\sim3.8$ 倍；OA 平均浓度（$13\ \mu g/m^3$）仅是近海的 $1.2\sim1.8$ 倍。温岭一次污染物 BC、SO_2、CO 的平均浓度分别是 $2.8\ \mu g/m^3$、4.0 ppb、0.50 ppm，是同区东海的 $1.1\sim3.7$ 倍；二次无机组分 SO_4^{2-} 和 NO_4^+ 平均浓度（$8.7\ \mu g/m^3$ 和 $5.0\ \mu g/m^3$）是东海的 $0.9\sim2.6$ 倍，NO_3^- 平均浓度（$5.7\ \mu g/m^3$）是东海的 $1.8\sim24$ 倍；OA 平均浓度（$14\ \mu g/m^3$）是东海的 $1.9\sim3.9$ 倍。这种沿岸站点和近海大气的浓度差异是由陆源污染物向中国东部沿海传输造成的，而且表明陆源污染物对中国东部沿海大气的影响非常强烈。唯一例外的是，O_3 平均浓度却是近海高于沿岸，近海的 O_3 浓度一直居高不下，平均浓度分别为 55 ppb、56 ppb 和 50 ppb，而且高于沿岸站点长岛（44 ppb）和温岭（26 ppb），这一特征同样也是由陆源污染物对沿海大气的强烈影响造成的。

南北两个站点的污染物浓度相比，冬季风期间的北方站点长岛的颗粒物浓度变化范围、平均浓度与夏季风向冬季风过渡期间的南方站点温岭相当，NO_3^- 的南北差异较大，气体平均浓度略高于温岭。因此，冬季风期间中国东部沿海大气受到的陆源影响强于夏季风向冬季风的过渡期。两次船走航的污染物平均浓度相比，冬季风期间的第一次走航的黄海高于第一次走航的东海，第一次走航的东海高于夏季风期间的第二次走航的东海。此外，温岭与冬季风期间东海的差异小于与夏季风期间东海的差异，因此冬季风期间陆源污染物对中国东部沿海大气的影响强于夏季风期间。这种影响造成的受体点污染物浓度的变化，本质上是由影响我国东部沿海大气的源区及其污染物排放量的不同造成的。

由于陆源污染物排放对近海的影响，近海大气污染物浓度表现出随经度增加而衰减的经度梯度分布特征。与总体浓度的变化特征类似，一般地，第一次走航的黄海比第一次走航的东海的浓度衰减快，第二次走航的东海浓度衰减最慢。造成这一趋势的原因可能是，第一次走航期间的冬季西北季风风速由长岛到黄海到东海逐渐减小，而第二次走航期间的夏季西南季风风速小于第一次走航期间的东海。

从沿岸站点长岛、温岭和近海颗粒物化学组成的相对比例来看，中国东部沿海大气中有机物的比例在 28%～37%之间，有机物对中国东部沿海大气污染物有重要贡献。第一次走航期间黄海和东海 SO_4^{2-}、NO_4^+ 和 OA 占 $PM_{2.5}$ 的比例分别为 80%和 83%，高于同期的沿岸站点长岛（64%）；第二次走航期间东海的比例为 90%，同样高于同区的沿岸站点温岭（73%），这表明陆源污染物绝大部分以二次颗粒物（硫酸盐、铵盐和有机物）的形式输出到近海。与世界其他偏远洁净海域以有机物和硫酸盐为主的颗粒物化学组成相比，近海颗粒物浓度远高于这些洁净海域，表现出的是 OA、SO_4^{2-}、NO_3^-、NO_4^+ 和 BC 都占有一定比例的污染海域特征。

大气颗粒物主要化学组成的浓度水平和日变化特征是进一步研究颗粒物排放特征、来源和二次转化规律的基础。本研究通过介绍东部沿海地区观测的亚微米级颗粒物浓度变化的时间序列，研究主要化学组分的浓度水平和日变化规律，识别影响亚微米级颗粒物污染特征的主要因素。综合比较国内外的观测结果，探讨我国亚微米级颗粒物污染特征与国外研究结果的差异。

综合本研究的观测结果和国内外其他结果进行比较发现，不论城市地区、城市下风向地区或者是海洋地区，我国的颗粒物浓度都远远高于其他国家，约为 3～6 倍，揭示了我国人为源排放颗粒物污染的严重。不同地点的颗粒物化学组成结果显示，有机物是颗粒物的主要化学组分，平均浓度占亚微米级颗粒物总质量的 30% 以上。

长岛颗粒物浓度和化学组成变化较大，其特征与污染物传输方向密切相关。当气团来自西方或者西南方内陆地区时，颗粒物浓度较高，且颗粒物浓度的增加以硝酸盐贡献（平均 50%）为主。当气团来自于北部的内蒙古和西伯利亚地区，气团将长岛的颗粒物彻底的清除，颗粒物浓度非常低（平均为 $8.75 \pm 1.75 \ \mu g/m^3$），化学组成以硫酸盐和有机物为主。长岛氯离子浓度主要由人为源贡献（57%），海洋环境人为源影响下的氯亏损量较低。长岛观测期间发现生物质燃烧和煤燃烧的影响，有机物是两种燃烧源的主要排放物种。

有机气溶胶来源解析是进一步探讨有机气溶胶一次源排放和二次生成机制的基础。本研究利用正交因子矩阵受体模型（PMF，版本 PMF2.0），对长岛观测得到的有机气溶胶进行来源解析，得到不同来源有机气溶胶的浓度水平、日变化规律和质谱特征。整理 W 模式下有机气溶胶单离子碎片质量矩阵和误差矩阵数据，剔除干扰离子。通过对不同 PMF 解析因子（1~10）下，PMF 模型输出参数，有机气溶胶质谱图以及与相应示踪物种的比对结果判断，最终确定不同观测有机气溶胶的来源贡献因子。长岛观测共解析得到了 4 个因子：低挥发氧化性有机气溶胶（LV-OOA，占总 OA 比例 44%）、半挥发氧化性有机气溶胶（SV-OOA，24%）、还原性有机气溶胶（HOA，23%）和煤燃烧排放的有机气溶胶（CCOA，9%）。

6.2 展望

近几年，越来越多的国家和机构投入了对海洋边界层大气的观测研究，提升了人们对海洋大气化学组成和气候效应的认识。但是受限于孤立的海洋船走航观测研究，所得到的结果未能全面反映海洋大气污染物的来源和传输，更无法清晰认识陆源大气污染物的传输及其沉降对海洋生态和生物地球化学循环的影响。为了达到以上目的，一方面需要海洋科学、大气科学、环境科学等跨学科合作，进行细致严谨的观测实验设计，从而使地面观测、科考船走航和飞机航测的综合立体观测的开展有针对性，另一方面需要对数据进行综合分析和深

入挖掘，从而获得对海洋大气的新认识，制定既能满足人类需求又不影响海洋
生物地球化学循环的和谐发展政策。

在我国大气复合污染条件下，需要进一步加强对我国沿海及近海地区颗粒
物化学组成、来源和生成机制的研究。颗粒物的来源和转化是国际上十分关注
的科学问题，有待于开展深入的工作对其进行研究，尤其是对海上和高空颗粒
物化学组分如有机物种的深入分析还需要继续加强。为更好地应对东亚地区大
气环境外交，需要进一步加大我国东部沿海地区大气污染物输送对海洋环境和
下风向国家与地区影响研究，开展更为针对的大型立体观测，获得更多有效的
污染物特征数据。

翔实可靠的观测数据的获得，有赖于测量仪器的技术发展。由于探索未知
科学的需求和人们对空气质量的要求，针对大气污染物的测量仪器有了长足的
发展。从离线采样仪器到在线实时测量仪器，从颗粒物单一化学组分到全化学
组分的测量仪器，从颗粒物中总有机物到分子水平的测量，每一次的技术进步，
都带来了对大气颗粒物的进一步认识，为人们一步步揭开大气环境污染的神秘
面纱。这些都有赖于开创和建立对观测数据综合分析的研究方法以及与模型模
拟方法的结合。测量技术的发展和研究方法的创新，必然将使我们从宏观和微
观上认清大气污染机制，为从根本上解决大气污染问题提供切实有效的控制措
施和洁净方案。

大气污染问题不是一天产生的，同样地，大气污染问题的解决也不是一蹴
而就的。它需要科学的发展和技术的进步，也需要社会的共同努力。在人与人
之间联系越来越紧密、地球越来越"平"的今天，人类再也不可能走以前先污
染后治理的老路，人类不仅要看到自身发展的重要性，也要看到地球环境保护
的重要性；不仅要追求陆地的生态平衡，还要追求海洋的生态平衡；不仅要着
眼于现在，更要放眼于未来。如此，智慧生灵才能在给自己带来丰富的物质生
活的同时，与地球上其他生物和平共存，也为自己带来富足的精神生活。

未来的研究需要从以下几个方面开展：

（1）目前类似本研究的综合立体观测还非常少，获得的数据还非常有限，
地面观测、船走航和航测数据的综合分析可以进一步加强；为更好地应对东亚

地区大气环境外交，需要进一步加大我国东部沿海地区大气污染物输送对海洋环境和下风向国家与地区影响研究，开展更为针对的大型立体观测，获得更多有效的污染物特征数据。

（2）加强对我国沿海及近海地区颗粒物化学组成、来源和生成机制的研究。在我国大气复合污染条件下，颗粒物的来源和转化特征是国际上都十分关注的科学问题，需要进一步开展相关工作对其进行研究，尤其是对海上和高空颗粒物化学组分如有机物种的深入分析还需要进一步加强。

（3）进一步开发污染物传输和扩散的模型模式研究，探明主要大气污染物的传输机制。

此外，需要加强与海洋科学等的多学科合作研究，才能全面而清晰地认识陆源大气污染物的传输及其沉降对海洋生态和生物地球化学循环的影响。